U unique

# 創業打怪

# 生存攻略

股權分配×公司營運×智財保護×資金募集
商務律師帶你一本破關！

陳全正
張媛筑
——
著

# CONTENTS

# 致親愛的創業家們

　　經濟部中小及新創企業署致力成為協助中小及新創企業發展的堅實夥伴，《創業打怪生存攻略》也是。書中從創業切入，串聯營運到募資，介紹相關的法律工具和可使用的資源，作者也分享了諸多實務個案，並提出因應做法。期待所有創業者能借助本書指引，減少踩雷、有效控制曝險，進而在產業發光，為台灣帶來更多創新的能量。

——**何晉滄**，經濟部政務次長

　　開弓沒有回頭箭，創業是條不歸路，路上崎嶇又顛簸，沒準備好，肯定是會「卡關」的。當公司開業穩定後，後續經營要面對的魔王，就是「法律風險」的到來，此時，「預防法學」的重要性就會浮現。本書提供你面對魔王時的克敵大絕招，施展出來必能度過難關。

——**鄭博文**，全國創新創業總會（NiEA）營運長

創業的過程就像穿襯衫，即便每個扣子扣得再仔細，若一開始就扣錯，最後還是要全部解開重來，反而更浪費時間。因此，創業家如果能夠在創業初期就擁有足夠的準備和認識，尤其是在法律層面上做好相應的安排和架構，便能讓自己在創業這條艱辛的道路上，走得更順遂一點。

——**沈立平**，益鼎創業投資管理股份有限公司業務協理

　　這本書是從真實創業血淚史中所累積的經驗，包含從創業初期的股權分配，一路走到設立公司、聘請員工、募資，甚至退場的法律安排，是任何一位正在創業或準備創業的人，都需要細讀的實戰法律書。

——**郭榮彥**，七法股份有限公司（ Lawsnote ）創辦人

# 致親愛的創業家們

　　人們總是期待創業家什麼都懂、什麼都會，而許多創業家也往往在很多事都還不會時，便投入了所有身家，為新事業粉身碎骨也在所不惜。本書作者陳全正律師也有這樣的勇氣。這些年他放下了大型律師事務所的光環與舒適生活，決心陪台灣創業家一起打怪。希望本書的實戰血淚經驗，可以讓更多夢想家順利走過新事業的第一哩路。

——**黃亮崢**，《數位時代》創新長

　　在創業的冒險旅程中，此書是法律面向的終極秘笈，將引導你巧妙地擊敗恐將面對的挑戰，在商海中勇往直前。

——**胡碩勻**，信達會計師事務所所長、《節稅的布局》作者

《創業打怪生存攻略》是創業家的必備手冊。這本書讓我想到最近在網路上看到的一句話：「法律保護懂法律的人。」也許你要創業了，甚至已經創業了，然而你若不熟悉創業過程中那些企業經營的法規、不懂最基本的僱傭法規，甚至創業家無不嚮往「被投資」的機會，都有可能因為你不懂股權與公司治理法規，反而成為壓倒你的關鍵經營失誤。創業不是經歷了就懂，你需要先懂法律，再去經歷。

——**孫治華**，策略思維商學院院長

　　創業者不僅應重視產品開發及市場的開拓，更該在勇往直前的同時，對於如何建立公司架構、組成團隊具備相關知能；而資源與資金又應如何配置，才能讓公司穩定前行，本書也提供了經營上的具體建議，並清楚地分析了治理的可行方向。在此和各位讀者推薦這本書。

——**盧相瑞**，台安傑國際天使投資股份有限公司董事合夥人

# 創業路上的打怪生存攻略

✏ 蘇柏州

　　當你翻閱這本《創業打怪生存攻略》時，相信你已踏上了一段非凡的旅程。在創業這條道路上，挑戰與機遇並存，每一步都可能是新的探險。這本書不僅提供了從創業初期到企業成熟各個階段的全面指南，更包含了創業者在面對困難時所需的智慧。

　　我自己在創業的旅途中也曾經歷了無數次的挑戰和困難，書中深入淺出地介紹了創業過程裡，可能遇到的各種問題或需要具備的知識，從法律、財務到市場策略，無所不包。透過具體的案例分析和生動的故事講述，本書將複雜的商業概念轉化為容易理解的知識，讓每一位創業者都能從中受益。

　　更值得一提的是，這本書不僅是一部商業指南，它同時也強調了在創業中的關鍵領域，如智慧財產權、募資，以及財務上的經驗分享。以我自己身處軟體業的經驗來說，智慧財產權是保護創新和核心技術的基石；而在台灣募資，我們面臨著獨特的市場和法規挑戰，這更需要我們靈活且周全的策略。

　　至於財務觀念則是我們在成長過程中，不斷優化和調整的關鍵要素。無論你是初次創業的新手，還是在創業路上已有所成的老手，《創業打怪生存攻略》都將是你不可多得的良師益友，它不僅能引導你順利避開創業路上的陷阱，更能激勵你在追尋夢想的道路上不懈前進。

而 Max（陳全正律師）在新創及企業商務法律服務領域耕耘多年，創業家及企業的起起落落也看過不知凡幾，這也是他向來強調「預防勝於事後治療」的原因。這次，他願意把自身案件處理經驗，彙集成冊並公開分享，對於創業家們來說是一大福音。有了這些經驗分享，至少能減少一些踩雷的機會，並且讓創業之路走得更踏實。

　　誠摯地向各位讀者推薦這本書，也祝福你在創業旅程中收獲豐富，勇敢迎接每一個挑戰。

　　——本文作者為凱鈿行動科技股份有限公司（Kdan Mobile）創辦人兼 CEO

# 創業攻略，你也需要這一本

✏ 張志祺

創業，似乎常被包裝成一條浪漫、充滿熱情與自我實踐的路，然而實際走起來，卻也經常令人感到挫折。畢竟，我們過去的教育體制中，還是比較少針對創業開設課程，並提供適當的練習，因此許多人的第一次練習，就是創業的當下。

我自己剛開始創業時，也把創業想得過於簡單，想說就只是開個小小的工作室。沒想到一踏進去才發現，這門學問竟是如此的大，完全不是一個門外漢自以為的樣子。還好，當時的夥伴挺身而出，陪我走完了這一遭，才勉強撐過難關，活到現在成為稍微有點知名度的小公司。

如果當時我能更早遇到《創業打怪生存攻略》這本書，我想，應該會幫助我減少許多白工，讓我更能夠識別一些明顯的陷阱與誤區；而那些節省下來的時間，在最需要與時間賽跑及拚搏的創業初期，真的是難以言喻的珍貴。

在翻閱《創業打怪生存攻略》的過程中，理解到這是一本集結了概念與實務經驗的書。值得玩味的是，這本書透過了故事的穿插，幫助讀者理解相關的概念——從公司型態的選擇、會計制度的分析，到公司估值的計算、投資人思維等。這本書也是一本平實的工具書，甚至是一本附帶案例的創業字典，讓你可以在創業路上遇到一些搞不懂的名詞時，有個可信且好懂的查詢處，從此不用一邊

Google 一邊懷疑：「 這網頁⋯⋯真的可信嗎？」

多年前當我還是設計師時，便與 Max 律師結緣，當時有賴他的智財權專業，完成了多樣的智財權知識介紹設計專案，其後當我投入到自媒體行業、創投行業時， Max 也給予了我相當多的幫助，是我相當珍惜的緣分，更樂意將他介紹給許多好友，幫助他們的事業順利發展。

相信 Max 律師這些年的累積，可以幫助各位在創業的路上走得更加順利，穩定且踏實地前行。期待未來在商場上，能與各位互相交流切磋！

——本文作者為簡訊設計、《志祺七七》頻道共同創辦人

# 法律思維：創業成功的第一步

✎ 鄭至甫

　　創業，是一場充滿挑戰的打怪過程。在這段冒險旅程中，你將面臨無數的妖怪，而「法律風險」正是藏在細節裡最容易被輕忽的魔鬼。如果你沒有基礎的法律知識，甚或做好充分的法律準備，那麼你辛辛苦苦創立的事業，很可能會因為法律糾紛而毀於一旦。因此，對於每一位創業家而言，具備基本的法律思維，是新創開展過程中不可或缺的關鍵，而這本《創業打怪生存攻略》也正是為此而生。

　　本書以深入淺出的方式，介紹創業過程中可能遭遇到的各種法律問題，並提供實用的解決方案。從公司設立、章程、募資、股權規畫、智慧財產權保護、員工勞動關係，到公司治理等，透過許多真實的案例，進行詳細的分析和探討，幫助讀者更好理解和掌握法律與智慧財產知識，以迴避在創業過程中的各種風險。

　　作為一位商學院教授，長年投入創新創業教育，也兼任多份相關的行政職務，對於作者陳全正律師精闢的商業與法律整合解析能力深感佩服。全正學養深厚，具有法律和商管雙碩士學位，在法律和商務領域皆擁有豐富的實務經驗。他總是能將艱深複雜的商業法律問題，以淺顯易懂的方式剖析說明，讓人有茅塞頓開之感。甚至在我自己的創業課程中，也多次仰賴全正為學生提供新創法律諮詢。全正有如一位新創法律思維的傳道士，他將個人的專業展現於多重的身分，包含律師、作家、創業導師、大學講師、網紅與部落

客，透過各種管道解惑創業者在新創過程中可能面對的「法律風險」，推動更完善的創業生態。學習如何面對失敗，是創業必修的第一堂課。當前成功的創業家在過程中絕非一帆風順，但他們總能逢凶化吉的原因，不在於運氣，而是在於每一次挫折經驗中所累積的學習與成長。

在矽谷的創業文化中有一個觀念：「透過快速的失敗，而取得快速的學習，進而成就快速的成功。」雖然成功無法複製，但前人所踩的雷，卻是可以借鏡與迴避的。在本書中有許多的案例都是真實故事，我在商管教育的課堂中也常以這些個案進行討論，例如共同出資的好友們股權分配爭議、股東協議內容的合理性、共同創辦人之間的管理權力分配、合適的投資人抉擇、創新成果的智財保護與策略、員工的領導與激勵等，在書中都能夠找到解答，亦必定能對所有的創業家和經理人有所啟發，少走許多冤枉路。

創業成功沒有捷徑，是否能夠過關斬將，取決於創業者的知識素質與決策能力。創業家在擬定營運計畫之餘，找到適合的創業陪跑教練，是創業成功的第一步。《創業打怪生存攻略》是創業家的最佳領跑員，相信這本書將是你在創業跑道上重要的武器，幫助你披荊斬棘，打怪破關成功！

——本文作者為政治大學商學院副院長兼 EMBA 執行長

# 與創業家同行

投資人對你寄予厚望、員工把未來交付給你、客戶希望你扭轉乾坤……但其實你很辛苦，只是任何努力都被視為理所當然。遙想當初創業也只是希望讓夢想實現，卻沒想到這條路愈走壓力愈大，甚至發現，創業根本沒有所謂道路可言。

為了開創道路，創業家永遠在做決策，有的決策甚至是一步生、一步死。到底有沒有一套方法，可以讓我們的思維的軸心不致動搖呢？支持著創業家鼓起勇氣、持續往前的，是伊隆·馬斯克（Elon Musk）、史蒂夫·賈伯斯（Steve Jobs）、黃仁勳等創業家迷人的成果，讓人期許自己能成為下一隻獨角獸。然而，創業的道路上，沒有休息的那一天，這便是我們所看到創業家的孤獨。

## 避免重蹈前輩的覆轍

實際上，史蒂夫·賈伯斯曾被踢出自己的公司，伊隆·馬斯克也多有股權及收購紛爭，而在我們協助新創團隊經驗中，有人躍升成為新創界的明日之星，甚至 IPO（Initial Public Offerings，首次公開發行），但也不乏黯然下場、沉潛調整者。我們發現，除了少數選錯賽道的案例外，被這些創業家認為難以克服的問題，往往是因為創辦人的糾紛而拆夥、公司技術被搶奪、投資人股權爭議與營運停滯。看在致力推廣「預防法學」的筆者眼中，實在令人感嘆，特別是這些問題都能藉由事前準備得以正面突破、繞道或避免。

一帆風順的創業可遇不可求，過關斬將的創業成功更受人尊敬。然而，創業家要在瞬息萬變的商場裡設法保持獲利已不容易，要求其具備全方位營運專業，也不務實。因此相較於仰賴運氣及事後處理，有系統地讓創業家培養風險意識，可以預先了解風險源，降低、消弭紛爭的發生機率，此舉更為實際。

為此，我們希望以多年的累積輔導經驗，陪伴創業家提前了解這些創業常見的問題及陷阱，讓創業家避免入坑，能保留更多的精力，特別是最珍貴的資源——時間，聚焦於核心產品或服務，讓事業走得更長久、發展更迅速。

## 創業路上與你同行

本書以法律概念出發，融合商業觀點，從創業的起點一直到募資等重要階段，扣連企業的發展生命週期，陪伴創業家跨越「死亡之谷」（Death Valley）。

我們分別在各章節具體介紹，創業不同階段可能遇到的問題及對應做法；同時，為了讓創業家身歷其境，書中藉由創業家主角——馬克的故事，讓各位更容易帶入、理解創業過程中會遇上的情況（實際上，書中提到的故事多是真實案例，相信已在路上的各位能夠明白個中滋味）。

本書由創業的行前說明開始，我們在前面的章節中，整理了各階段要注意的企業營運風險，以及對應的法律工具及策略，讓創業家迅速掌握營運商務法律的輪廓及基本思維，而這些概念都可以作為已在路途中的創業家，按圖索驥的指引。

接著，說明創業常見問題，如公司型態、公司設立流程、如何剪裁出合身的公司章程，以及創業旅伴 —— 共同創辦人（Co-founder）的創辦人協議又該如何設計。

當事業體正式營運後，「人」的議題便開始發酵，從董事、監察人、經理人、員工等，不同角色涉及不同的法規範。其中，創業家最感興趣的人才激勵機制，本書也有詳細介紹。而事業的核心競爭力，除了創業家熟悉的最小可行產品（Minimum Viable Product, MVP）、產品與市場契合度（Product-market Fit, PMF）、概念驗證（Proof of Concept, POC）外，我們也提醒在構思商業模式、產品或服務時，如何同時留意智慧財產權進而創價及維權。另外，隨著資訊科技發展，個資、大數據與隱私議題也更顯重要，創業家要如何遵法，本書也有專章說明。

此外，公司營運事項中，也別忽略不同公司，例如有限公司、股份有限公司（包含閉鎖性）的應行治理事項，畢竟公司治理及合規也是在募資時，直接呼應投資人在意的事項。

本書最後討論，當公司有資金需求及募資議題時，創業家該如何準備？募資流程上，不同種類的投資人想的是什麼？程序如何進行？書中都有詳盡介紹，讓創業家了解股權架構、交易文件設計，避免創業家喪失公司控制權，或是遺留下不利未來募資的元素。

　　天生的創業家有敏銳的市場直覺及嗅覺，但這並不代表能解決所有問題。我們更擔心的是，人們多受到自己既定思維的框架拘束，用習慣的邏輯判斷，當未知的風險太多，有時候最大的敵人反而是自己。因此，我們由衷期盼本書能成為創業家的指引，對於創業家有所助益；也希望藉此拋磚引玉，培養創業家的風險意識，了解到創業大小事實際都脫離不了法律。我們更歡迎創業家、企業家與我們持續互動討論及互相學習。

　　最後，也最重要的，就是我們希望透過本書鼓勵讀者們不要輕易放棄，只要堅持，就會有成功的機會。

# PART 1

## 創業第一步

▶創業就像打怪，路上充滿險阻，創業家應有風險意識，才能減少意外的發生，持續披荊斬棘，邁向成功目標。

| 第 1 章 |

創業前
不可不知的事

關鍵字

股權、公司類型、商業模式、控制權、
持股比例、股東會、特別決議、智慧財產權

# ★馬克與傑克的創業歷險記★

原為軟體工程師的馬克，不喜歡一成不變的生活，此時他正坐在創業講座台下，聽著前同事凱文在台上侃侃而談自己的創業經驗。同時期進公司，且表現向來比凱文優秀的馬克，想起前公司曾舉辦創業競賽，那時候的凱文跟著隊員另組公司，發展得不錯，不由得羨慕了起來。

聽著凱文的分享，讓馬克覺得創業相較於目前接案的工作方式，好像更能夠達到他想要的成就感。講座後，兩人相約聚餐，馬克提出幾個創業問題請教凱文：

「創業要自己來，還是要找人一起？如果找人一起合作，吵架怎麼辦？」

「公司營業的項目要經過申請嗎？」

「什麼時候可以開始聘請員工？」

「開公司很燒錢吧？前公司給你的創業基金應該不夠吧？」

「創業該準備多少錢？」

「產品要打磨到什麼程度才能投入市場？」

凱文笑著說：「原來你也想創業啊！那你當時為何拒絕一起組隊參加公司的創業競賽？不過你有想到要做什麼了嗎？你列的這些問題我自己也經歷過，但我沒有標準答案。有些問題也是我去請教律師、會計師才知道的，不然全部自己來，不知道會踩多少坑……」凱文以過來人的身分，跟馬克分享了一路走來的經驗。最後，他告訴馬克之後公司若開始營運，有機會一定會找他一起合作。

創業，永遠是時下熱門的議題之一，而且隨著近年環境與制度愈臻完備，更是蓬勃發展。許多人希望透過創業更快地成功，然而這段路卻充滿險阻，沒有既定道路及規則可循，創業家必須具備風險意識，努力減少意外的發生，才能在沿途披荊斬棘、邁向成功。

風險意識指的是創業家做任何決定前，能反射性預想到結果的能力，並且能將這樣的預想擴大應用到市場，進入預測、經營，甚至退場等階段。因此，為了降低風險發生及處理的成本，事先了解風險源，便是不變的攻略。

以過往經常聽聞的勞資糾紛而言，與其事後裁罰時再來補救，先前的管理及預防才能走得長久，而這麼做的意義也是為了成本的控管。創業家不能只是埋首於商業計畫、產品設計、找案子，或是全心針對政府資源攻城掠地，擁有適當的攻防道具與裝備，才能在創業路上走得更順利踏實。

其實，創業的風險意識、市場爭奪、組成團隊或找資源的過程，都與法律息息相關。在與新創團隊的互動經驗中，我們也喜見很多團隊已有基本的意識，知道法務、財務是評估商業活動的基本要素，更偕同法律、財務等專業顧問，穩健地走在創業路途上。

本章將依開啟創業挑戰、營運過程、增加夥伴的順序，歸納筆者的實務經驗，先以架構性的論述，讓創業家能有基本的輪廓認知，後續再以不同章節就各個項目進行深入分析與探討。

## 事業章程與合夥人權利義務規畫

在創業起始階段，應留意以下事項的規畫：

### ‧ 事業組成規畫

從一開始事業所需的創業資金及資源、公司名稱及商標，到公司設立的地點（哪個國家或境內外）與型態的選擇（有限公司、股份有限公司、閉鎖性股份有限公司，甚至有限合夥等）都要費心思量。確認後，以此訂定出合適的公司章程，建構公司自治下的組織運作準則，創業家們可從本書第 5 章了解相關內容。

### · 創業家及合夥人的權利義務規畫

以現今社會來說，單打獨鬥的創業並不容易，創業家若能和幾個志同道合的夥伴（Co-founder，合夥人，指一同參與公司營運，同時也是公司股東）合作創業，確實能加快成功的腳步。

然而，合夥人之間的權利與義務分配，透過契約（創辦人契約、股東協議）約定，諸如出資內容及方式（常見的技術出資及連帶的稅務議題）、所占股權比例及行使限制、董監事安排及分配、責任及離場（退場）機制，再到章程的設計，甚至是外國人的投資相關行政程序，都是門學問。

關於創業家及合夥人間的權利與義務規畫，將在本書第3章及第4章中有詳細的介紹。

## 經營商業模式應注意的法律要點

以下是關於商業模式本身須注意的法律重點，以及常見的錯誤觀念：

### · 商業模式涉及的營業項目及監管規範

公司的經營項目會顯示在「公司基本資料」（經濟部商業司的商工登記公示資料查詢）網頁上，是公眾對該公司業務最直接了解的方式。當創業家在設立公司時，就會先接觸公司經營項目的選擇

及登記，但有些經營項目較具風險，須經主管機關許可。

例如，營業項目代碼尾數是「1」，就是「許可業務」，像品酒是近年來盛行的娛樂，市場日益成長，而單純酒類販售是「一般業務」（F203020 為菸酒零售業），如果要進一步向國外酒廠輸入酒類商品，就涉及了由財政部國庫署管理的「酒類輸入業」（F401171），《菸酒管理法》另有特別規定。此外，如果商業模式與金融有關，像是證券、期貨、支付等，基本上也都屬於監管業務，有一定遵法要求，如違反亦會涉法（甚至有刑事責任），不可不慎。關於須核准的經營項目，可參考經濟部商業司的「公司與商業登記前應經許可業務暨項目查詢服務平台」（註1）。

### · 創業者常見三大錯誤觀念

**NG 1** 別人都在做，為什麼我不行？

曾有案例是，新創團隊想在網路上提供學員股市投資文章的訂閱服務，這涉及《證券投資信託及顧問法》第 4 條：「本法所稱證券投資顧問，指直接或間接自委任人或第三人取得報酬，對有價證券、證券相關商品或其他經主管機關核准項目之投資或交易有關事項，提供分析意見或推介建議。」此須有證照方得執行，但這時團隊就會反問：「可是很多線上學習平台都有人在做這些事情，他們也都沒事啊！」請注意，「違法的事情不能主張平等」。

**NG 2** 網路上先做，應該不容易被查到吧？

創業圈有句話是這麼說的：「產品是沒有完美的，七七八八就可以先投入到市場了。」意思是「做了再說」。這樣的想法沒錯，但不代表可以忽略遵法議題。請注意，正因商業模式容易被外界檢

---

註 1：經濟部商業司「公司與商業登記前應經許可業務暨項目查詢服務平台」網址：https://gcis.nat.gov.tw/ALWB/home。

視，創業家對此務必要有守法的敏銳度。行政管制法規管控愈高的服務或商品，其販售活動也多有監管規範。

另外，還有一種錯誤觀念，就是別以為只要公司設立在海外，透過網路對台灣的消費者提供服務，如此一來主管機關也就沒轍了。事實上，只要在我國境內提供服務，仍適用我國法規，主管機關也還是能查緝（特別是對於個人），不應掉以輕心。

**NG 3** 只要說自己是資訊提供平台就沒事嗎？

台灣的法規範密度相當高，各種商業型態多已有法令監管、自律規範（像網路借貸平台），如不慎違反，即可能遭受裁罰，並禁止提供服務，屆時再調整恐為時已晚。

我們也觀察到，很多新創團隊對於自己提供的服務，常會強調「僅提供資訊」，藉此轉化為仲介者，脫免各產業管制規範。從早先共享經濟的 Uber，到後來的職業服務介紹平台、股票證券分析服務等都是，但這類往往因主管機關認定的差異而存有「法律風險」，務必事前確認。

## · 智慧財產權（Intellectual Property）

知識經濟時代下，智慧財產權的議題是重中之重。商業模式如以他人作品的利用為獲利，則藏有法律議題，像是直播點歌的表演、二次創作商品化、分享閱讀他人書籍、網路素材說書等。商業模式所涉及智慧財產權的議題，以及對於企業的智慧財產權保護策略，詳見本書第 12 章說明。

## · 隱私權及個人資料保護

個資及隱私權保護，是全球普遍的共識。從 Facebook（Meta）用戶資訊分析的廣告投放、TikTok（抖音）App 提供用戶個資給中國，以及來自中國的 Aqara 藉由語音辨識技術蒐集與使用資料等，

都潛藏著隱私權及個資議題，所以我國的《個人資料保護法》、甚至歐盟 GDPR（General Data Protection Regulation，一般資料保護規定）等規範，就有了解的必要性。尤其，相關法規範要求日趨嚴格，務必事先準備，避免公關事件時失焦，甚至遭受高額裁罰。相關內容於本書第 15 章有詳細說明。

具體實施商業模式過程中，愈有獲利，外界愈會用放大鏡來檢視。因此，對外必要的用戶條款、契約、隱私權政策等防火牆都需要及早設計。創業家除了注意上述議題，也可多關注同業做法，對於整體架構及脈絡才能有更多的掌握。

# 公司內部營運應具備的法律觀念

經營公司應有的法律意識，可將重點放在營運、管理及人員任用上：

## · 日常營運方面

公司不論規模大小，內部都要有基本管理程序，再來就是所謂契約的效力，意向書、MOU（Memorandum of Understanding，備忘錄）是否能等於正式合作關係或訂單，其實都要再確認。特別是在投資案件上，創業家的 BP（Business Plan，商業計畫書）提出產品的營收、市場預測及認定，僅來自於上述文件時，前景預估就會被打折扣。

## · 公司治理及管理

創業家往往會認為公司是自己出資設立的，是屬於自己的財產，內部怎麼做，方便就好。但實際上公司仍有一套基本運作規則，除了依循公司章程外，還有《公司法》。其中最基本且重要的包括：董事會的運作、董監事的權責及義務（如競業限制）、股東

會的進行,以及每年度應編制營業報告書、財務報表等,皆有規範及要求。

關於公司治理的輪廓,讀者可以從本書第 14 章了解。很多新創團隊因初始規模小,著重實質討論及效率,不太拘泥於上述規定,常見文件代簽、未按時召開股東會等如此便宜行事的做法,除了有行政責任外,也可能成為日後被有心人士攻擊的痛點,像是創業家被指控偽造文書、背信等時有所聞,後果得不償失。

## · 經理人的任用

創業家一定要知道的是,經理人與員工是兩種不同的概念。經理人不走勞動法規,而是適用《民法》上的委任規定,強調的是彼此平等的關係,相關權利與義務多透過雙方契約予以架構,所以關於合作期間、報酬、績效及對應的終止事由等,都有賴創業家費心思量。

此外,給予經理人的獎酬也要特別提醒:建議以分階段、分數量方式執行。一次過多的釋股,甚至免稀釋股份,往往會讓創業家在後續募資活動時,增加很多成本及羈絆,或導致投資人(股東)的質疑。

## · 員工及人事規範

公司從聘僱員工開始,就有相關遵法義務,基本像是《勞動基準法》(下稱《勞基法》)、《職業安全衛生法》、《就業服務法》,及新施行的《勞動事件法》等都要注意。從投保勞健保、試用期、勞退提撥、工時薪資、加班,到工作規則設計等,皆須留心。

再者,上述勞動法規中所謂的員工(勞工),是從「有無指揮監督」做實質認定;新創公司往往會給夥伴很大的職稱(行銷長、技術長、總監等),但此不足以作為認定標準。

接著，新創公司往往會一方面給予很高的職稱吸引人才，但又希望對方要受公司的指揮監督，同時因想管控成本而簽署定期工作契約（例如一約 3 年，到期後再決定是否換約），加上「競業禁止」、高額賠償金等條件，然上述這些若沒有採行對應措施的話，也容易踩到勞動法規的界線。我們會在本書的第 6 章到第 10 章，細談經理人及員工於法律上的差異，以及各自任用應注意的事項。

最後，近年創業家們也常思考關於釋出股份給員工作為獎勵的議題，不過員工獎酬機制也有很多規範及各種工具，如何設計及使用，不妨從本書第 11 章開始學起。

## · 財稅及會計觀念

當公司開始營運，就離不開財報（財務報表）、稅報（營利事業所得稅申報書），也會面臨會計帳務及稅務申報，以及記帳是否委外等，甚至「兩套帳」等常見議題，因此，《商業會計法》等規範是不能夠忽視的。

此外，創業家也必須對於財務報表像是資產負債表、綜合損益表、現金流量表、權益變動表等有所了解。在稅務上，公司基本上須負擔的稅負像是營業稅及營利事業所得稅（營所稅），對其申報方式、期間、相關費用扣抵等，也必須有基本認知。至於進階的稅務抵減、租稅優惠，以及相關稅務緩課等規定與作法，也都可以事前諮詢會計師等專業人士。

## · 管理智慧財產權

從初始的公司與品牌註冊商標、公司內部成員創作所涉及之智慧財產權的歸屬，到產品研發是否涉及他人智慧財產權，以及相關研發成果的智慧財產權布局等，都能反映出一家公司的價值，宜盡早著手執行。透過本書第 12 章至第 13 章的說明，可提供所有創業家相關的策略思考方向。

# 關於投資人互動及募資

能進入此一階段，表示公司已得到市場的認可，值得贊許，也是創業家與投資人開始互動的時機。

募資涉及許多專業事項，包括要了解投資人的種類（天使投資人、創業投資、企業創投、私募基金等），以及他們的需求、公司估值的方式及計算、營運發展的計畫，以及投資人商議的架構，包括股權的態樣、釋股比例、資金進入方式、投資人會要求的各類保護條款等。

比較謹慎的投資人，更會要求進行俗稱 DD（Due Diligence，多稱為盡職調查），把公司資料整個掃過一遍，而公司在上面項目的合規努力結果，此時就能展現價值。畢竟，投資人經 DD 發現標的公司內部存有風險而下修投資條件，甚至打退堂鼓的案例不勝枚舉。

此外，募資過程其實是環環相扣，也影響公司後續的運作。因此，每次募資也是公司大健檢的時候，檢視公司營運狀況是否該進行調整，也要避免落下病灶，成為公司未來經營的難題。

# 關於股權規畫

在創業設立公司時，只要不是一人股東，就有股權議題。像是隨著投資人陸續加入，公司的持股比例也會跟著調動，而那些上市櫃後常聽聞的經營權爭奪事件，都與股權相關。所以，股權的議題不是單次性的，創辦人必須隨著公司成長而持續關注。

## · 什麼是股權

讓我們先從股份背後代表的意思來了解。我們都知道，股份持有代表著享有公司所有權，而股份在股東身上，因此股東對於公司

的事務有決定權，是公司最高機關（圖1）。

　　但是，如果公司在決定事情時，全數訴諸於股東集合表決，不僅沒有效率，也可能不是所有股東都具備經營公司事務的意願或知識，所以《公司法》設了有限公司董事及股份有限公司董事會的制度，讓股東們選出適合人選，為公司日常經營的事項進行決策，重大的事項再由股東們進行決議。從這裡我們即可發現，股東持有有限公司出資額或是股份有限公司股份，可以表決選出董事、對重大事項表示同意或否定。

　　此外，出資額或股份背後的表決權，還會視公司型態及章程上對於出資額表決權，或股份有限公司的股份種類之表決權規定，而有所不同。像是有限公司如果沒有特別規定，會以人頭數代表表決權，不問出資多寡（一人一表決權，除非章程特別設定以多少出資額為一表決權單位）；股份有限公司如果設有特別股，章程還可以約定複數表決權、對於特定事項有否決權，或是對於行使的限制、

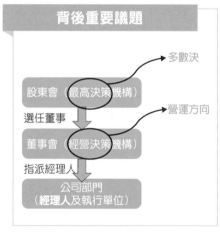

圖1　股份說明和意義

無表決權，相對細緻許多。

延續著以表決權為決議的股東會機制後，我們還需要了解，在股份有限公司的股東會決議，法規亦要求有效股東會決議的股東出席數，即以已發行股份總數（包含有表決權的特別股）作為認定的基數，但會扣除無表決權的股數；有利益衝突時，該議案計算的基數也須扣除該股東的股數。

而股東會決議的結果，《公司法》設有通過的門檻。一般而言，有限公司為表決權過半數，股份有限公司則為出席股東表決權過半數。但如果是法定的重大表決事項，有限公司及股份有限公司的通過門檻均提高到 2 ／ 3 以上。

因此，一般情況下，如果已經掌控了公司已發行股份總數的 2 ／ 3 以上股數時，就等於對公司握有絕對控制權。了解這樣的運作機制後，我們就能進一步來討論股權規畫的注意事項。

## ・ 第一次的股權規畫

第一次的股權規畫，會發生於共同創辦人確定時。建議創辦人在一開始就具有公司的絕對控制權，如果創辦人自己無法達成，至少要能聚集盟友，整合達到此門檻。若真的無法做到，也建議創辦人至少初始也應具有相對控制權（過半已發行股份總數）的持股，以達上述理想的股權規畫目的。

相反地，創辦人在創業初始（包含自始或後續加入的成員、金主）應盡可能避免以平均分配股權方式，讓共同創辦人間齊頭式平等的配股，這容易產生權責不明，也可能埋下紛爭的種子。例如：3 位股東對於營運議題出現歧見時，就可能落入決策僵局（兩位股東聯手杯葛另一位股東的提案），造成未來內部經營阻礙，以及產生利益糾紛。因此，建議自始以貢獻資源、誰領導等差異性條件，設計一開始的股權（圖2）。

上述觀念相信大家多少都有聽過，但以筆者經驗而言，其實仍有不少團隊是採「均分股權」的作法，而常聽到的回應多是和睦謙讓、不要有強出頭的情形。這點筆者可以理解，但請注意，如果你的公司確實存有這樣的現象時，我們接下來要介紹的創辦人合約就變得更加重要——藉此把「均分股權」後續運作上可能碰到的問題，先以契約安排及分配。

　　創業不是只有找尋資金及找資源而已，為了公司永續經營，彰顯價值，並在投資人面前能減少被質疑的風險，上述事項都非常重要，所以我們會在本書第 16 章及第 17 章，分別針對此議題進行深入說明及介紹。

　　也要提醒的是，以上所涉及的面向千變萬化，對於創業家而言，除了要有基本觀念外，也須持續關注實務動態，且可以尋求律

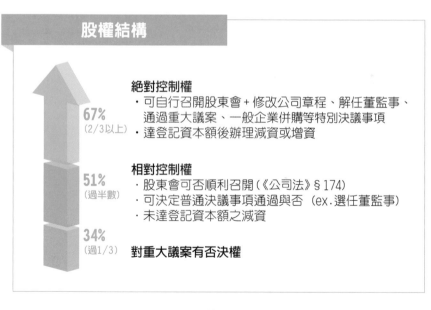

**股權結構**

**絕對控制權**
**67%**（2/3以上）
・可自行召開股東會 + 修改公司章程、解任董監事、通過重大議案、一般企業併購等特別決議事項
・達登記資本額後辦理減資或增資

**相對控制權**
**51%**（過半數）
・股東會可否順利召開（《公司法》§174）
・可決定普通決議事項通過與否（ex.選任董監事）
・未達登記資本額之減資

**34%**（過1/3）
**對重大議案有否決權**

圖 2　股權結構及比例介紹

師、會計師等專業人士的協助，雖須負擔一定的必要成本，但卻能讓創業家保留其最珍貴的資產——時間，專心投入商品及服務的開發上。

| 第 2 章 |

開設屬於
你的公司

關鍵字

**公司型態、中小企業、新創、有限公司、股份有限公司、**
**公司設立流程、法人格、退夥、營業稅、營所稅**

# ★馬克與傑克的創業歷險記★

　　與凱文聚餐後，馬克一直思索著自己的創業題目。某日，他因為要幫愛貓購買飼料而走進了寵物店。想起之前因工作繁忙，無法確認寵物每次的食量及喝水量，便希望能透過 App 控制並分享寵物的狀態，同時與養貓的網友們交流互動。但他發現，市面上相似的餵食器產品，似乎都無法滿足需求。

　　突然他靈光一閃：如果能有一款能依照家裡寵物健康數據，決定投放飼料與水的智慧能餵食器，同時具有 App 及網路社群等功能，說不定是個不錯的創業項目。

　　於是馬克決定利用自己擅長寫程式的能力，開設一家以智慧化方式解決飼主及毛小孩生活問題的寵物用品公司。但想要開公司的馬克，接下來卻開始煩惱：「要怎麼做呢？」沒有方向的他，只知道好像要先去申請統一編號，於是他趕緊上網，搜尋了相關資料及開立公司的步驟。

發現商機固然令人興奮，多數創辦人也都希望透過公司銷售及打造品牌，甚至將其推廣到國外市場。但當創業的想像落地時，總要先跨出第一步──設立公司。

設立公司時，要留意公司有型態上的區別，以及內部組成成員的差異性，尤其最重要的是，公司設立第一步的申請流程。這些都建議創辦人在一開始就要先有所理解，才能加快夢想落地到開始執行間的速度。

# 公司型態的分別

從路邊小吃店到上市櫃公司，這些在我們生活中能看到的大大小小營利事業，都有著不同的事業型態。我們可以從源頭（法規）歸納出以下 3 種類型：

**型態 1：負無限責任的獨資、合夥、無限公司。**

**型態 2：負有限責任的有限公司、股份有限公司、閉鎖性股份有限公司。**

**型態 3：由兩種責任類型的股東或合夥人組成的兩合公司、有限合夥。**

獨資、合夥是一個人或少數人的集合，也就是只要出一筆錢，即可申請登記完成的事業體，且設立程序較公司登記快，但最大的缺點在於，獨資及合夥無法取得法人格，因此合夥人須對於該事業負無限責任。

也就是說，如果獨資或合夥事業發生了資產不足以清償債務時，獨資及合夥人必須額外再從自己的口袋掏錢去付；同時，假如發生法律上糾紛（例如違約），也因為獨資及合夥並沒有獨立的法

人格，所以將由獨資及合夥人個人承擔責任。

當考量到稅捐的問題時，雖然可能因為月營業額不高於新台幣20萬元，得申請小規模營業人營業登記，並申請免用統一發票（得掣發普通收據），其營業稅依銷售額達到營業稅起徵點後（銷售貨物為新台幣8萬元；銷售勞務為新台幣4萬元）開始課徵，且稅率以1%計算。但重點是：所有的獨資及合夥，在結算營利所得後，雖然不用課徵營利事業所得稅，但其所得將歸納到獨資及合夥人個人的綜合所得稅中，而可能提高個人每年度應納的稅捐。

此外，獨資及合夥還有兩個問題：

**問題1：** 在免用統一發票的情況下，可能無法滿足往來客戶需要發票作為進項費用的抵稅需求，有規模的客戶也會選擇公司型態的商業夥伴。

**問題2：** 因為商號的名稱僅就縣市審查有無同名，因此你所使用的獨資或合夥商號名稱可能與外地的同業「撞名」或「被搭順風車」（Free Rider）等，這都不會是創辦人所樂見的。

創業有其風險，這也是為什麼多數人會選擇以出資額度以內負有限責任的有限公司、股份有限公司或閉鎖性股份有限公司，作為創業的公司型態。

## · 常見的公司型態

我們就來認識這些常見公司型態的特色，以利於創辦人作為設立時的評估。

有限公司

· 一人就可以開公司。

- 具有人合性質：這呈現在股東出資額轉讓的限制上；依《公司法》第 11 條規定，股東非得其他全體股東過半數之同意，不得以其出資之全部或一部，轉讓於他人。公司董事非得其他全體股東同意，不得以其出資之全部或一部，轉讓於他人。另轉讓不同意之股東有優先受讓權；如不承受，視為同意轉讓，並同意修改章程有關股東及其出資額事項。

- 沒有股份的概念，全數出資額都會納為公司資本，更不會有股份溢價的情形。

- 表決數可單純以人頭計，與出資數額脫鉤。

- 法定規範相較股份有限公司較少，公司運作上彈性較大。

- 有限公司可透過股東決議轉換為股份有限公司，進可攻退可守。但相對地，因為上述轉讓限制等特性，規模型的投資人很少會願意投資有限公司。

## 股份有限公司（未公開發行）

- 除政府、法人當作股東可為一人公司外，股份有限公司至少要兩人股東方能成立。

- 一般至少必須有 3 位董事及一位監察人（董監可以不持有股份），但如果公司章程規定不設置董事會，則可以僅設置一位董事、一位監察人。

- 除發起人股份在成立後一年內不得轉讓外，普通股股份得自由轉讓，不須其他股東同意。

- 可發行無面額股票。

- 可發行特別股，且可在特別股中規定股份轉讓限制，以及當選一定名額董事等事項。

- 公司擴展時無須變更組織型態，但股份有限公司不能再轉換為有限公司。

- 得以上市櫃公開募資，以擴大經營規模。

- 有法定員工激勵機制可使用。

閉鎖性股份有限公司

- 得在章程中明定股份轉讓限制，維持公司的閉鎖性。唯股東不得超過 50 人。

- 除了有限公司及股份有限公司相同出資方式外，還可用勞務出資。

- 倘若各股東同意，可用書面行股東會程序。

- 特別股可規定享有當選一定名額董事及監察人之權利。

- 除證券商經營股權群眾募資平台募資之外，公司股票不得公開發行。

- 發行新股不須保留供員工及原有股東認購，可直接洽特定人認購。

　　書中主角馬克想將產品發揚光大，建議他可以公司型態進行設立，特別是在我國設立公司的成本其實相當低。至於選擇哪一種公司類型，則視他當下是否需要找尋其他創業夥伴、是否在意成員、未來是否有引入投資人等規畫，再來選擇以何種型態設立公司。

# 常見誤區：合夥制與《公司法》

　　事業類型如果沒有事先確認，直接以一般合夥處理，很容易出現創辦人合約的約款與相應事業類型法規適用上的矛盾。其中，最

常見的誤解，就對於「合夥」兩字的定義：將《民法》的合夥人概念直接套用於《公司法》的股東，但兩者是有差異的。

就拿常聽到的退夥來說，雖然《民法》上所稱的「合夥」，指兩人以上互約出資以經營共同事業的契約關係，看似可以套用在所有的合作關係上，但請留意，前述《民法》規定的約定出資、經營共同事業的契約，和未來所成立的事業組織型態，其實並沒有直接關聯。這裡可以是共同來經營《商業登記法》上的「合夥」，也可以是共同設立《公司法》上的「公司」。

在成立有限公司或股份有限公司後，任一位共同創辦人不得因不合而主張退夥，但《民法》上確實有合夥人得聲明退夥的權利。也就是說，合夥契約關係與未來成立的事業組織型態，彼此並沒有直接相關，但是合夥人間依合夥契約達成共同出資，設立公司之目的後，有法院判決認為，此時合夥契約就會消滅，合夥人理論上就會成為公司股東，而進一步依《公司法》的規範，行使、負擔股東的權利及義務。

雖然也有法院判決認為，合夥契約在成立公司後仍然有效，依舊可以在共同創辦人間主張合夥關係，但合夥財產如為公司股款，則其轉讓或返還仍要符合《公司法》規定。

而《公司法》在規範有限公司或股份有限公司的章節，有著公司資本充實原則不得收回規定（註2），亦無股東退股規範，因此股東並不能主張退股。為了避免混淆，建議創業家們對於公司型態的合作，還是盡可能回歸到股東的觀念。

---

註2：《公司法》第9條第1項規定，公司應收之股款如任由股東收回者，公司負責人各處5年以下有期徒刑、拘役或科或併科新台幣50萬元以上250萬元以下罰金。

# 設立公司的流程

在決定好公司型態、負責人完成集資後，即可跨出設立公司的第一步。我們將公司設立的流程步驟整理如下（圖3）：

## ・ 公司名稱及項目預查

創辦人寄予夢想的公司一個響亮的名稱，也別忘了要先決定好業務內容，亦即公司將提供的產品與服務行業類型。

對於公司的命名，《公司法》規定要使用我國文字，且不得與其他公司或有限合夥名稱相同。至於相同與否的認定，還可以再區分為特取名稱是否相同（比如說，博客來股份有限公司已經存在，取名字就不能再用相同的文字），以及即使特取名稱相同、但公司名稱中的業務類型（一種為限）是否相同等細部的區分規則；其他限制還包括：公司不得使用易讓人誤認其與政府機關、公益團體有關，以及妨害公序良俗、表明企業結合的文字（例如：關係企業、

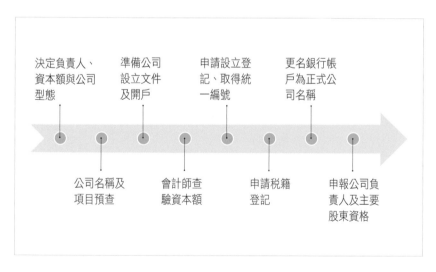

圖 3　公司設立流程

關係、集團、聯盟、連鎖等），抑或容易使人誤認為與專門職業技術人員執業範圍有關，或者性質上非屬營利事業等文字（圖4）。

| 台北 | 神奇 | 書報 | 股份有限公司 |
|---|---|---|---|
| 標示文字 | 特取名稱 | 業務類型 | 組織種類 |

圖4 公司名稱範例

此外，我們也建議創辦人想到喜歡的公司名稱時，不妨透過經濟部「公司名稱暨所營事業預查輔助查詢」系統先行檢索有無一樣的，也可以在網路上檢索有無出現其他商品或服務，與自己所想的名字類似的案例。

之所以要盡量避免出現公司名稱剛好與其他事業的商品、服務相同或相似的情況，理由在於《商標法》第70條規定，禁止故意利用著名商標名作為公司名稱，產生消費者混淆誤認之虞，或減損該商標之識別性或信譽之虞。倘若該商品或服務名稱未註冊商標，剛好你的公司也在相同產業，也會因為容易使人混淆與其他公司間的關係，而可能構成《公平交易法》上禁止的仿冒、攀附他人商譽，或榨取他人努力成果等不公平競爭行為，讓公司自始就埋下「法律風險」。

要做的預查事項還有業務預查，這也不是把想要的營業項目單純列上而已，因為營業項目的順序，可能會影響到營業所得稅以書審申報的所得認列率。大家都知道公司營運後，需要每兩個月申報營業稅及每年申報上一年度的營利事業所得稅（營所稅），而營所

税的申報方式有以下幾種類型：

- **擴大書面審核申報**：即書審，年度營業收入及非營業收入合計為新台幣 3,000 萬元以下，可選擇按財政部訂定的擴大書審純益率計算營利事業所得稅申報。此較為簡便，適合規模尚小的企業。

- **查帳申報**：依公司收入、各項成本、費用及損失等帳冊憑證記載內容，計算所得及應繳的營所稅額辦理申報。

- **會計師簽證申報**：在查帳申報前，由會計師先行查核、出具意見，再進行查帳申報營所稅。此為年度營業收入及非營業收入達新台幣一億元以上之公司、公開發行股票公司等強制採納的申報方式。

如適用擴大書面審核申報，其課稅所得額是以該年度營業收入，乘以適用之公司業別的擴大書審純益率，計算出核課的營所稅。至於擴大書審純益率，則是由財政部每年依年度營利事業各行業類別，公告各行業別所得額暨同業利潤標準。而國稅局認定公司的行業代號，原則上以第一個公司登記所營項目認定行業代號，並以此認定適用的擴大書審純益率。對於剛開始的新創事業而言，常見採用書審申報，因此要留意公司登記時的營業項目順序。

一般來說，關於公司名稱及業務預查，建議創辦人最好在申請前多想幾個名稱，排列順序後，再向公司擬設立所在地之主管機關或至經濟部「公司與商業及有限合夥設立一站式線上申請作業」平台，提出申請及繳納預查規費。預查結果出來後，主管機關會核發公司名稱及所營事業登記預查核定書，並就該通過的公司名稱予以保留 6 個月（創辦人可另申請延展一個月），以利申請人於此獨占

名字的期間，完成公司設立申請。

## · 準備公司設立文件及開戶

申請公司設立登記有必備文件，文件的項目及範本可參考公司擬設立所在地的主管機關網站相關資料。此處要留意文件上需要公司用印的地方，不要漏蓋，否則後續會需要補件，拉長不必要的申請時間。

創辦人於取得公司名稱及所營事業登記預查核定書後，即可拿著此核定書及銀行開戶文件（包含預刻好的公司大小章）、開戶現金等，至銀行申請開設公司籌備處帳戶。在銀行開戶作業上，基本都會要求由創辦人本人親自辦理，這也是在國外的創辦人得注意的實務面向。

## · 會計師查驗資本額

完成銀行帳戶開戶後，初始股東（共同創辦人們）就可以將出資額（有限公司）或股款（股份有限公司）匯入該帳戶，之後請會計師確認公司資本已如實匯入（也就是驗資），會計師確認無誤後，會出具資本查核簽證報告書。此報告書即為申請公司設立登記的必備文件之一。

## · 申請設立登記並取得統一編號

準備好公司設立登記應備文件後，即可向所在地主管機關提出申請。申請時須繳納規費，股份有限公司及有限公司之規費分別按其實收資本額、資本總額，以每新台幣 4,000 元計收新台幣一元計算；未達新台幣 1,000 元者，以新台幣 1,000 元計算。這裡就是實務常被問到的：「公司設立有無最低資本額要求？」答案是：原則

上沒有，例外便是當法規針對特定營業項目有設立規定時（例如：環保工程業、銀行業、汽車貨運業等）。

通過後，主管機關會核發公司設立核准函及有主管機關用印之公司設立登記表，同時會配發一組統一編號。

## ・申請稅籍登記

稅籍登記是法規要求營業人在開始營業前，須向國稅局申請營業稅稅籍，以供報繳營業稅等稅負之用，所以申請公司得向主管稽徵機關申請稅籍登記。

依照原本的程序，在收到公司設立核准函後，創辦人須持稅籍登記應備文件（註3）進行申報，不過實務上前往主管機關辦理公司登記時，相關文件可先提供「代轉營業人設立／變更稅籍（營業）登記申請」，以及「營業人設立／變更登記申請書」等稅籍登記文件，同意由公司登記主管機關於核准登記後，將這些文件代轉所轄主管稽徵機關辦理稅籍（營業）登記，創辦人就不用另提出申請了。

主管稽徵機關核准稅籍登記後，會將核准函寄發至公司登記營業地址，創辦人即可持此函、身分證、負責人小章、統一發票專用章、領用統一發票購票證申請書等，親自前往主管稽徵機關簽名及領取統一發票購票證（用於後續請領統一發票）。

## ・更名銀行帳戶為正式公司名

取得主管機關之公司設立核准函後，創辦人要親自到銀行申請將公司籌備處銀行帳戶變更為公司正式名稱的帳戶，轉成正式戶。

## ・申報公司負責人及主要股東資訊

公司完成設立登記後 15 日內，依《公司法》第 22-1 條規定，須至「公司負責人及主要股東資訊申報」平台註冊帳號及申報董事、監察人、經理人及持有已發行股份總數，或資本總額超過 10%

之股東姓名或名稱、國籍、出生年月日，或設立登記之年月日、身分證明文件號碼、持股數或出資額與其他中央主管機關指定之事項。未來如果有任何變動，也應於變動後 15 日內至該平台變更申報。如果成員的持股比例均無變動，也請記得於每年 3 月 1 日至 3 月 31 日期間，完成年度申報。

前述的申報請千萬不要輕忽，如未依規定申報或申報資料不符，在經濟部通知限期內仍未補正，代表公司的董事將被處以新台幣 5 萬以上 50 萬元以下的罰鍰，若期間依舊未改正，更會按次處罰至改正為止（新台幣 50 萬元以上 500 萬元以下罰鍰），倘若經濟部認定屬情節重大，嚴重時公司登記將被廢止。

設立公司的程序雖然繁雜，但依循步驟進行，就能穩妥地跨出完成公司設立的這一步，正式展開精彩的創業打怪旅程。

---

註 3：應備文件請參考財政部網頁「營業人申請稅籍登記應檢附哪些文件？」問答說明，網址：https://www. etax.nat.gov.tw/etwmain/tax-info/understanding/tax-q-and-a/national/business-tax/collection-prcedure/mG7Lmjj。

| 第 3 章 |

# 擬定
# 創辦人合約

關鍵字

創辦人合約、股東協議、公司章程、最低資本額、一元公司、
退場機制、股份買回、勞務出資、技術股、乾股

# ★馬克與傑克的創業歷險記★

　　在找到心目中理想的創業題目後，馬克決定以第一桶金200萬元創業，開發連網及具備監控健康功能的智慧寵物餵食器。由於自知缺少硬體開發能力，於是馬克找來在電子公司上班的好友傑克，詢問他是否願意一起加入產品開發的行列。

　　同樣愛貓且性格務實的傑克，聽聞馬克的創業項目後，認同其理念並決定友情支持，不僅投入100萬元，並在工作之餘，參與他的開發項目。

　　兩人討論後，決定先訂好遊戲規則、設好停損點，但這份規則的訂定，馬克只知道要用契約形式約定，對於實際內容卻仍有些不清楚。為此，他找上創業諮詢的資源，詢問這份約定內容到底該怎麼寫。

創業，總不希望只是曇花一現，更希望事業能持續成長、永續經營。在追求穩健獲利的同時，團隊關係的穩固絕對是經營的關鍵。然而，我們看過太多創業團隊，因為沒有規畫好彼此的權利與義務，導致在創業路上翻車，輕則拆夥、解散公司，嚴重的甚至相互責難、對簿公堂，實在可惜。

本章就來談談創業團隊規畫的總和——創辦人合約，透過創辦人合約，即可有效預防此爭議發生。

## 創辦人合約的重要性

創業家在與其他共同創辦人啟動事業前，應先坐下來仔細討論創業架構，從最簡單的資金運用規畫、事業發展計畫及短中長期目標（包括 End Game，發展最終目標），到團隊組成、提供資源（出資）類型、職責分配、決議方式、對應的占股比例與所伴隨的經營權，以及退場機制等，皆須完整審視。

大家試著提出心中的創業藍圖，並充分溝通，將此化為具體協議，甚至依此設計公司章程，如此一來，就像鋪好了軌道，讓創業列車能在上頭穩健前行。

在進入創辦人合約的實際內容說明之前，先分享創業家討論創業架構時的常見觀察。創業家礙於面子，可能覺得合作前就細談經營方式、退場機制，總給人錙銖必較，甚至有點唱衰的感覺，但我們仍建議在討論創業架構時，務必謹記以下兩點原則：

1. **宜早不宜晚**：在很多個案中，創業團隊初期沒有規畫權責分配，營運議題見招拆招，但因草創初期尚無具體成果，即使成員有歧見，可能還會忍一忍、安慰自己問題不大而帶過。但你可能聽過一種說法：「你是要一個虧損公司的 100％ 股份，還是要獲利公

司的 1% 股份？」意思是說虧損、沒賺錢的公司，擁有再多的股份也沒有意義。但隨著創業成果漸漸露出，更多爭執就會開始出現，屆時如果沒有運作規則加以控制，人們往往會流於情緒性的對立攻擊。筆者見過太多能共苦，卻無法共同分享成果的例子。

2. **宜多不宜少**：千萬不要覺得討論這些事怪難為情的，為了避免埋下後續隱憂的種子，建議創業團隊（尤其是成員夥伴間彼此條件差不多時）仔細討論未來事業的共同營運方式，放開心胸提出想法。畢竟，如果一開始都沒有辦法溝通，要怎麼期待這個團隊後續能夠運作的好？當然，若細部的條件與作法暫時無法取得共識，至少要先建立關於事情的決議機制。

# 擬定創辦人合約前的注意事項

創業團隊一開始規畫、約定的這份合約，名稱不是重點，合約標題為「創辦人合約」或「股東協議」均無不可，但實質的內容就得費心了。

這裡所講的創辦人，並沒有法定的定義，不過我們可以把它理解成在公司創立時或初期就投入，並參與公司股權分配的人。當然，較精確的說法應該是共同出資（提出資源）創業，一同設立事業的創始股東或初期股東。

決定事業類型後，事業的初始資金，也就是資本額，則為接續的問題。除特定營業事項可能有資本額的法令要求外，原則上，我國目前已無最低資本額限制。要設立「一元公司」也無不可，但實際上很快就會涉及營運資金不足，必須再次增資的窘境。

談完事業類型與所需的初始資金後，即進入共同創辦人的出資方式、出資額、股數、持股比例，以及權利與義務等重要議題。

## ・ 合作夥伴是誰？出多少？

關於人，首先要了解的是公司設立的法定人數要求：有限公司以一人以上設立，而股份有限公司除非是由政府或法人股東所設立，否則須有兩人以上為發起人。

此外，設立股份有限公司的方式，《公司法》規定有「發起設立」及「募集設立」（註4）兩種。實務上，創辦人多採取「發起設立」的方式，找好特定的成員為股東成立股份有限公司；如果選擇設立的是閉鎖性股份有限公司，則毫無懸念，只能採取「發起設立」的方式。本書後續提到的股份有限公司，也將以新創公司常見的非公開發行公司型態進行說明。

大家都聽過創業路上「一個人走的快，一群人走的遠」的這句話。創辦人找到合拍的共同創辦人，總能讓事業成功多添幾分底氣，就像馬克因為缺少產品硬體開發能力，於是找上可以補足他的傑克一樣。然而，我們也會建議馬克可以先思考：為什麼要跟這個共同創辦人合作？對於事業的助益是因為他有金錢、技術、人脈、市場管道，還是能帶來其他資源的挹注？具有不可或缺性嗎？再者，對這位共同創辦人又了解多少？跟他有信任基礎嗎？過去有無共事過？碰到問題將如何處理？

如果前面問題的答案都是否定的，此時馬克可能要思考的是，是否先以個案方式（委任、承攬）和對方合作，藉此理解雙方對於事業的共識，逐步建立信任，進而確認他是否就是創業路上所要找尋的那個對的人。

---

註4：「募集設立」需要將發起人就第一次擬發行之股份總額，其中未認足部分向外公開募足，且此設立方式須先經過證券管理機關審核，才可以進行。這就是大家常聽到的「公開發行公司」。

## ・設立公司的出資額

前面有提到，我國沒有出資額的限制，一元也能開公司。然而，營運資金是非常重要的，公司開辦各類事項都需要用到錢。

在一般情況下，對於新創團隊來說，資金原本就是稀缺資源，且因為投入後無法取回，所以對於創業家來說，一次將大筆資金押在公司、賭上身家著實令人備感壓力，也因此創業家常詢問：「多少資金才比較適合？」其實這沒有固定答案，但一個比較容易理解的概念是，公司未來的發展須不斷地引入資金，特別是現今很多新創公司的初始營收多為虧損狀態，還是得仰賴外部資金的挹注擴大營運規模及市占率，直到取得主導性才能有轉虧為盈的機會。

因此，擁有一筆能讓公司從啟動階段到看見基本成果，還能撐到下一步對外募資的資金額度，才是比較務實的想法。美國矽谷知名加速器 Y Combinator（YC）建議：在投資保守的環境裡，不管你的募資能力如何，你的責任就是確保接下來的 24 個月內，即使沒募到錢也能注定活下來（Default Alive，註 5）。市場上一般也認為，保有 18 個月的營運資金及周轉金，對公司而言是比較理想的狀態。因此，你可以用此初估公司開業後每月的各項支出與資金的使用速度（Burn Rate），對於創業需要的啟動資金就會有初步的想法。

## ・出什麼？怎麼出？

共同創辦人怎麼出資，涉及公司的創設類型。從「公司出資型態比較表」（表 1）我們可以看到，有限公司的出資方式，除了常見的現金出資，還可用對公司的貨幣債權、公司事業所需財產或技術抵充之；股份有限公司基本上也是一樣。

至於閉鎖性股份有限公司，則多了勞務出資方式。但股份有限公司發起人對公司的出資，還有「不能以對公司的債權作為出資」的限制，當中理由其實也不難理解：因為公司要發起設立後才算存

| 有限公司 | 股份有限公司 | 閉鎖性股份有限公司 |
| --- | --- | --- |
| · 現金<br>· 對公司之貨幣債權<br>· 公司所需之財產或技術 | · 現金<br>· 公司所需財產或技術<br>· 對公司之貨幣債權（限股東） | · 現金<br>· 公司所需財產、技術或勞務（不得超過發行總數一定比例）<br>· 對公司之貨幣債權（限股東） |

表 1　公司出資型態表

在，所以就沒有對公司貨幣債權的問題產生。

　　在出資方式上，我們不建議採取閉鎖性設立的公司以勞務出資方式作為全額出資（實際上法規也不准許），畢竟公司一開始設立就會有規費等費用發生，仍需有現金支應。此外，以勞務出資或是技術出資時，還要留意稅務議題。

　　常有人詢問：「是否能以自己的人脈和管道出資？」先不深究這些該如何量化為出資型態，還有連帶的問題為：「那這種算是技術出資還是勞務出資？」這些也常讓創辦人感到疑惑或困擾（實則該類型往往不符合技術出資的要求）。

　　雖然技術出資及勞務出資看似不用出錢，乍看之下是個不錯的選項，但實際仍涉及個人稅務問題。以勞務出資為例，所取得的股權，除公司章程已規定一定期間內不得轉讓而得以可處分日每股時價計算股東所得外，否則應就取得股權日，以公司章程所載抵充的金額計算股東所得課徵所得稅（註6），使股東尚未賺錢就要先繳納

註5：詳細內容請參考：https://www.bnext.com.tw/article/69351/y-combinator.warning-2022-economic-downturn-will-immediately-impact-investors-and.startups-for-24-months-or-more。
註6：參照財政部台財稅字第 10400659120 號解釋令。

一筆可觀的所得稅情況。因此，建議尋求會計師、律師的意見，謹慎評估出資應選擇的方式，避免顧此失彼。

## ・ 技術股、乾股及借名登記

出資者說要以技術入股 OK 嗎？實務上認為，技術出資要可以藉由估價衡量出明確的價值，且公司可實質獲得該技術的所有、使用及收益權。因此，通常在討論技術入股時，須先決定以哪種無形資產作價（例如：商標權、專利權、著作權、非專利技術、營業秘密等），再請第三方專業機構估算其價值，此時無論出資者如何吹捧技術價值，最後如果不能客觀評估，仍無法據以執行，這也是實務上最常發生的爭議之一。也要提醒，當有技術入股時，公司及其他股東務必先確認該出資者是否真擁有該技術，以免徒增爭議。

由上可知，技術出資並不容易執行。於是，商場上衍生出更常聽到的「乾股」（也有「虛擬股」的說法），這是常和技術股相提並論，甚至容易混淆的概念。所謂「乾股」，雖沒有法定說法，但基本上是持股人並沒有實際出資（包括現金或技術等），卻無償取得股份（通常是來自其他股東贈與），或是享有分潤的資格（對於給予「乾股」的股東主張）。簡單來說，就是如果公司賺錢還可以分紅，公司賠錢卻不受損失的一種模式。

還有一種「借名登記」，指的是實際出資者因某些考量（如規避競業問題等），不以自己名義登記為「形式股東」，而用別人名義登記為「人頭股東」。但這種出資模式很容易發生問題，例如：「人頭股東」或實際出資者翻臉不認帳時，那麼股東的權利、義務該由誰享受或負擔？這些都是實務上很常遇到的爭議，務必留意。

| 第 4 章 |

創辦人合約
助創業成功

關鍵字

**股權分配、絕對控制權、兼職創業、董事、競業禁止、
股份轉讓限制、退夥、免稀釋條款、退場機制**

# ★馬克與傑克的創業歷險記★

　　思考過後，馬克確定要找傑克作為共同創辦人，因為對事業有所幫助。不過馬克卻突然想起傑克曾經表示，目前僅能兼職協助研發；還有在上次討論的最後，傑克也提到希望馬克可以給他一點保證：他不希望馬克某天突然不玩了，把股份出脫，這樣傑克即使持有股份也沒有意義，因此希望和馬克同進同出。馬克雖然可以理解，但一時之間也不知道要怎麼約定才好。

　　此外，如果傑克之後還是僅能兼職，甚至完全退出產品的開發，仍是股東的他是否還能享受股利？想想好像有點不公平。針對馬克這些毫無頭緒的想法，能不能從創辦人合約中尋求解決之道呢？

確認共同創辦人後，創辦人合約的主體也確認了，接下來則是創辦人、股東間約定的權利與義務內容，也就是將遊戲規則一一列出。一開始要確認的架構為創辦人之間的權利比例，這裡多數也呈現在公司股權分配上，隨後還有會顯示在章程中的盈餘分派等股東權利，以及不會顯示在章程中的團隊股東間的約定。

# 權責分配的根本：股權比例

所有的創辦人各出多少資源、換得多少股權比例，這些都是權責分配的根本。關於公司權利的控制取決於股權比例一事，本書第 1 章已經有介紹。站在創業家角度，我們建議創業家取得絕對控制權，避免採全數創辦人平均股權的分配方式，否則對於追求速度以進入市場的新創公司而言，潛藏著犧牲效率、無人作為最終決策等的風險。

股權比例可從後續一起共事的角度思考，以下為應特別注意的幾個要點：

## ・領導者

團隊中需要一位領導者，經營公司當然也是。多頭馬車對於新創公司而言，將分散寶貴的時間資源，甚至讓員工無所適從，因此在有多數共同創辦人的創業團隊中，領導者的持股比例仍建議有所區別。

## ・成本投入

除了各自投入的現金或資源外，還有其他需要考量的創業成本。創業家自身全職投入新事業本就應該（至少能說服外界創業是玩真的，並看好自己的事業），至於其他共同創辦人，也是盡量全職投入較為理想。原因在於，創業初期資源匱乏，需要團隊費心打

磨產品，但是所投入的精力很難量化，如果團隊成員耗費的時間相同（全職），至少時間及人力資源的基準是一致的，後續在成果分配上也會少了一個爭執點。

當然，這裡有個變數在於，成員是否要領取薪資或報酬，而這同樣需要團隊進行個案討論（仍建議領取）。但要提醒：如要領取相當薪資，則該成員所占公司股權比例或權利要對應調整，以作為制衡。同時，須注意的是，共同創辦人既以全職為代價，換取初始最優惠認股條件，則可一併安排在所設定的期間未達前、該共同創辦人就離開公司時，其他創辦人有權把其股份購回，甚至設計相應的罰責及效果。

### · 對公司的貢獻度

產品的發想及設計人為何？誰有此產業或市場的相關經驗？誰又對公司及產品走向的影響力較大？誰會是將來為公司募資及引薦資源的要角？這些從過去到未來對公司及產品的貢獻度，都該進行檢視。

## 權利與義務的其他約款

除了盈餘及虧損分派比例或標準外，事實上還有以下要注意的約定事項：

### · 經營事項及權責劃分

劃分的權限包括需要決議（董事會決議）或直接授權特定成員執行的事項，常見為審議年度預算與決算、經營方針及中長期發展計畫之核定、年度業務計畫之審議與監督執行、一年期以上或價款在多少金額以上契約，以及一些重要交易行為（向金融機構申請融資、保證、承兌）的決策權。

## · 董事設定

董事，聽起來氣派，但實質內涵則大有學問。創業家常問到：「是否要擔任董事？」、「董事與執行長有什麼不同？」、「董事又要負什麼法律責任？」

首先，有限公司董事人數規定為一至 3 人，並可用章程設置董事長一人；股份有限公司則沒有董事席次上限的問題，但還是要留意，如果沒有在章程上規定不設董事會，或規定只設一至兩席董事，那麼公司還是要設 3 席以上的董事。然而，擔任董事職務的權責都很重，必須肩負執行股東決議、實際營運決策，並代表公司，不但是公司的業務執行機關，也是董事享有的權利。當然，有權利就有義務及責任，所以董事對公司有負忠實義務等相關法律責任。

其中，應特別留意「競業禁止」規定，如果沒有經過股東會決議解除，則創業家在董事任職期間，有進行和公司類似的營業活動時，可是會被追究相關法律責任的，嚴重者甚至可能被控訴背信罪。另外，還須留意的是，公司負責人是公司稅務申報的扣繳義務人，在《稅捐稽徵法》規定之下，如公司存在確定的應納稅捐欠繳時，財政部會函請內政部移民署得限制公司負責人出境。因此，身為公司負責人的創辦人，也要留意公司稅務的申報及其正確性。

## · 報酬

創辦人擔任的職務是否要給予報酬、金額多少？這些也都應先行確認。短期未支領報酬，雖可減少公司支出，但是否為長遠之計？都是現實層面不得不面對的問題。況且，這也是公司治理的一環，還是儘量避免產生費用合理性的爭議。

此外，股份有限公司董事的報酬應經股東會決議或明定於章程（註7），以合於《公司法》要求；而有限公司董事的報酬得以股東間約定方式決定，而這裡的約定方式也可明定於章程（註8）。

## · 股份轉讓限制

創辦人約定禁止股份轉讓，藉此強化團隊聚合度，是常見的做法。這和一開始提到之所以會有共同創辦人，無非是希望將人力資源的使用發揮最大效益，且降低初期外部的支出成本，並盼團隊間群策群力，共同為事業付出。為了達到此目的，實務上常見藉由創辦人合約設計股份轉讓限制條款，期間多為一至 3 年不等。

甚至，如果考量日後可能會出脫持股以套現，創辦人間也可以約定共售權等條款，要賣一起賣，至少大家是處於平等及公開的狀態，這也是免除紛爭的一種做法。

## · 智慧財產權

隨著職責分配明朗、執行漸上軌道，共同創辦人的工作成果也將陸續產出，此時其智慧財產權（Intellectual Property, IP）應歸屬於公司，以利有效運用。但創辦人畢竟不是員工，其創作成果如果沒有特別約定，依法不會直接屬於公司所有，也因此權利歸屬從一開始就要預先規畫。

請注意，有經驗的投資人對於新創公司是否擁有 IP 都會相當注意，如果公司沒有好的安排，投資人甚至會依此來壓低投資條件，並作為是否投資的評估。

像是馬克與傑克的創業題目，兩人各自會為公司的產品進行研發並實際投入製作，這些產出都將有智慧財產權的衍生，如果沒有事先約定好權利歸屬於公司或其他安排，也等於公司實際上並未擁有 IP 權利，這對於公司未來產品的開發恐將產生阻礙。

## · 創辦人合約期間

常見合約不直接寫明期間，但會碰上失效的情況，像是約定創辦人合約的效力，截至合資公司掛牌上市或上櫃之日止。但也要同

時留意，當未來投資人引入後，創辦人合約於存續期間，有時內容可能得因應該次投資情況而有更動調整，避免違約。

## ・退場機制

團隊成員若無法順利維持良好關係，可能是理念、意見分歧，或者因為個人事由，這些往往都是實際合作後才會發現或發生。前面已經介紹過，公司並沒有退夥規定，無法單純將其股款從公司取回，其他股東也無買回義務。在此法規限制下，當想退出的共同創辦人持股比例相當高時，如果沒有先約定買回方式及相關配套，可能有無法做出有效股東會決議、公司無法順利再次募資，最後陷入經營僵局。

因此，一開始約定好處理方式（例如：特定條件承購），即使遇此情況，也僅須依規則執行，省去處理心力，也能排除紛爭。畢竟當有退場事件發生時，表示該共同創辦人可能已無心於事業或無法齊心合作，若有退場機制，則可避免該共同創辦人仍保有公司股份，又對公司行使權利，造成公司營運上的阻礙。但要注意的是，此場景也同樣會發生在創辦人身上，這都是設計時要謹慎思考的。


# 其他有關讓利議題

創業家之所以尋找共同創辦人，主要是因面臨資源的缺乏，可能是資金、技術、人脈或市場。因此，為了留住可挹注資源的共同創辦人，有些創業家會以高薪、高職位，或提高股份數量的方式作為約定，甚至也曾看過「免稀釋條款」（例如：不管公司怎麼增資，

---

註 7：參照經濟部 104 年 6 月 11 日經商字第 10402413890 號及 104 年 10 月 15 日經商字第 10402427800 號函釋。
註 8：參照經濟部 109 年 11 月 12 日經商字第 10900098420 號函釋。

維持該共同創辦人10％股權比例）的設定。

　　當創辦人評估是否應允他人享有「免稀釋股權比例」的特權時，應思考此讓利之舉在未來股權募資時，創辦人要如何補足並維持相同股權比例的股份，以履行該條款。如果轉讓自己持有的老股，將減少創辦人自身的持股比例，對於公司控制權的影響將不能小覷。因而在此情況下，約定前的審慎評估有其必要性，否則以現在換取未來，所換到的，可能只是經營權的漸漸流失。

　　經過上述分享，創業家對於創辦人合約應有所認識，並了解其存在的必要性。是否約定以及如何約定，有時會成為影響創業家的控制權，甚至影響公司可否有效存續。

　　一紙合約究竟是發揮了避險的功能，還是未妥善約定埋下了其他隱憂，均看如何約定，也看各位創業家如何掌握了。

| 第 5 章 |

# 制定公司的憲法
## ——公司章程

關鍵字

公司章程、股東協議、公司法、公司的憲法、視訊開會、
盈餘分配、特別股、黃金否決權、經營與所有分離、
董事選任、忠實義務、善良管理人注意義務

# ★馬克與傑克的創業歷險記★

馬克與傑克經過討論後，決定設立股份有限公司，同時確認應該把眼界放寬到自動化設備的開發上。具體策略則是在比較容易獲利的市場先打出知名度、賺取營收，後續的產品開發仍須經過幾輪募資才能成形。

規畫好公司的發展目標後，馬克與傑克思這才想到若引進投資人，會稀釋自己的經營權，但兩人都不希望輕易交出，因此傑克提議發行特別股，兩人各自持有可選任董事席次的特別股，這樣即使之後董事席次不得不增加，馬克與傑克還是可以決定一席董事，最好還能否決董事長人選，這樣就可以一直接手公司的經營。

另外，兩人也知道，如果是以股份有限公司設立，就必須每年召開股東會，所以馬克希望簡化每次實體開會的程序，特別是傑克還有其他工作，應該無法在平常上班日出席，所以最好的方式，就是直接用同意書的簽署取代實體開會。於是，他們把上面幾點需求也列進公司章程中，遞送了公司設立申請。

設立公司，一定會遇到公司章程擬定的議題。公司章程乍聽抽象，卻非常重要，原因在於公司依循的規定，除了法令，就是公司章程。章程除了法規訂定的必要記載事項外，亦有其他彈性空間，股東可依需求設計，運用得宜，還可保障創辦人權益，所以千萬不要忽略公司章程設計的環節。

此外，公司章程與創辦人合約，甚至是未來與投資人的股東協議，都是關於公司組織性的文件，彼此為補充關係，也因此除法規另有規定外，希望約束全體股東，且可多一個法定請求依據的公司規則，便可制定於章程中；相反地，如不想讓未締約的股東或公司以外的第三人知悉的約定，則可透過創辦人合約及後續章節提到的股東協議，達到拘束簽約對象的效果。

# 貼身設計公司章程

公司章程，有人稱它為「公司的憲法」，確實相當貼切。但如果細問創業家們，自己公司的公司章程規定了些什麼？可能多數仍是一知半解。創業家們在設立公司時，可能是尋求代辦公司處理，或直接套用「標準模板」（經濟部商業司及各縣市政府網站都有相關可參考用）。「標準模板」列出了可通過公司設立登記程序的必要記載事項（註9），能用來架構公司章程內的條文，也就是說，須以符合設立公司之法規要求的基本必備條件來架構公司章程。

我們在下頁（表2）分別整理出有限公司（註10）及股份有限公司（註11）的公司章程必要記載事項，而且在公司一開始設立的章程

---

註 9：必要記載事項的意義在於，如果未記載就無法通過公司設立登記程序，而無法順利設立公司。

註 10：有限公司章程必要記載事項參照《公司法》第 101 條及第 110 條第 3 項準用第 235-1 條。

中，除了要取得有限公司的全體股東或股份有限公司的全體發起人同意外，還需要前述全體人員的簽名或蓋章。

| 有限公司 | 股份有限公司 |
|---|---|
| · 公司名稱<br>· 所營事業<br>· 股東姓名或名稱<br>· 資本總額及各股東出資額<br>· 盈餘及虧損分派比例或標準<br>· 本公司所在地<br>· 董事人數<br>· 定有解散事由者，其事由<br>· 訂立章程之年、月、日<br>· 年度獲利分派員工酬勞之定額或比率 | · 公司名稱<br>· 所營事業<br>· 股份總數及每股金額（如採行無票面金額股者，僅須列股份總數）<br>· 本公司所在地<br>· 董事及監察人之人數及任期<br>· 訂立章程之年、月、日<br>· 年度獲利分派員工酬勞之定額或比率 |

表 2　有限公司及股份有限公司章程必要記載事項

此外，股份有限公司還有 4 項章程相對記載事項，分別為：分公司的設立、解散事由、發行特別股（包括了種類及其權利義務，這也呼應我們所介紹的特別股事項，不只是要透過契約約定，也必須配合章程記載及變更）、發起人姓名及其可享有的特別利益。如果這 4 種情況沒有記載於章程中，會有不生效力的問題（參照《公司法》第 130 條）。針對特別股的細部內容，我們將於後面介紹。

在此要特別強調的是，公司章程是能活用與客製的，除了必要記載事項、相對記載事項外，還有很多與公司治理及運作有關的事項，也可以登載在章程上，並因此發生效力，這就是所謂的「任意記載事項」。我們介紹其中幾個最重要，也最容易被實務所運用的

事項：

1. 有限公司及股份有限公司設置經理人與其職權範圍（參照《公司法》第 29 條及第 31 條）。

2. 有限公司股東表決權按出資多寡比例分配（參照《公司法》第 102 條第 1 項）。

3. 閉鎖性股份有限公司依法可以直接「限制股份轉讓」（參照《公司法》第 356-1 條），例如，要轉讓須取得已發行股份總數過半數股東的同意等。請注意，這裡講的是普通股。

4. 股份有限公司的董事人數在搭配不設置董事會的情況下，也不再限制最少 3 人，藉此規定減少實務上人頭董事問題（參照《公司法》第 192 條）。

5. 股份有限公司股票採取票面或無票面金額（參照《公司法》第 129 條）。

6. 股份有限公司的董事會開會時，董事得由其他董事代理，放寬應親自出席董事會的要求（參照《公司法》第 205 條第 1 項）。

7. 股份有限公司的董事會及股東會開會形式的便宜性（註 12）：
①閉鎖性股份有限公司可在章程中記載以書面方式進行董事會或股東會，而不實際集會，但前者須經全體董事同意、後者則須經全體股東同意（參照《公司法》第 205 條第 5 項及第 356-8 條第 3 項）。此外，可藉由章程明定得以視

---

註 11：股份有限公司章程必要記載事項參照《公司法》第 129 條及第 235-1 條。

註 12：《公司法》於 110 年增訂於天災、事變或其他不可抗力情事時，中央主管機關得公告公司於一定期間內，得不經章程訂明，以視訊會議或其他經中央主管機關公告之方式開股東會，但公開發行股票公司須留意另有規定的情況。

訊方式開股東會（參照《公司法》第 356-8 條第 1 項）。

②非公開發行股票之股份有限公司董事會可透過章程記載，
經全體董事同意，得以書面方式進行董事會，不實際集會
（參照《公司法》第 205 條第 5 項）。股東會亦可透過公
司章程訂明，以視訊方式開會（參照《公司法》第 172-2
條第 1 項），這議題在後疫情時代尤其常見。

8. 放寬年度公司盈餘分派次數，可定為每季或每半會計年度終
了後分派（參照《公司法》第 228-1 條第 1 項），如此會比
原本的每年度僅分派一次的方式更有彈性。

從上述舉例內容，可以發現善用章程的制定，藉由任意記載事
項，能讓公司運作上更有彈性。


# 特別股到底多特別？

我們在前面提到特別股的種類以及權利內容，都是股份有限公
司章程的相對應記載事項，也就是說，發行特別股前，必須先記載
於章程中。

而特別股可以享有哪些權利？現行《公司法》第 157 條及 158
條規定，則列出相關應規定的項目。再次提醒創業家，以下說明的
特別股權利內容，都是以「非公開發行股票」的股份有限公司為
主，如果是「公開發行股票」的股份有限公司，則須另外留意《公
司法》第 157 條第 3 項規定的限制。

‧ 特別股分派股息及紅利之順序、定額或定率。請留意，「定
額」或「定率」應具體明定，不能僅載明「若干倍」或「一
定比例」（註 13），也可約定達成某具體條件時，得分派〇〇
數額或比率之股息及紅利（註 14）。

- 特別股分派公司賸餘財產之順序、定額或定率。

- 特別股之股東行使表決權之順序、限制或無表決權。

- 複數表決權或對於特定事項具否決權（請留意可約定行使否決權的範圍，以股東會所決議事項為限，例如：對公司讓與重大資產議案行使否決權）。

- 特別股股東被選舉為董事、監察人之禁止或限制，或當選一定名額董事之權利（請留意在監察人選舉中，複數表決權的特別股股東表決權與普通股股東的相同，也就是一股特別股只有一個表決權）。

- 特別股轉換成普通股之轉換股數、方法或轉換公式。

- 特別股轉讓限制。

- 關於特別股權利義務的其他事項，例如：可特別約定特別股發行及收回條件（註15）。

　　針對特別股「對於特定事項具否決權」（黃金否決權），主管機關的經濟部表示，此行使上的程序，最好於討論該事項的股東會中，或限於該次股東會後合理期間內行使，避免有法律關係懸而未決的情況。因此，也建議於章程中明定相關行使期間限制，讓否決權行使與否的結果，可在一定的期間內趕緊確認。

　　另外必須留意的是，經濟部基於維持公司正常運作的考量，特別點出否定權範圍不包含「董事選舉結果」，所以在否決權的範圍上，並不是無邊無際的。因此，在馬克的案例中，如果他希望一直

---

註 13：參照經濟部 110 年 1 月 18 日經商字第 10902063700 號函釋。
註 14：參照經濟部 110 年 3 月 11 部經商字第 11002009640 號函釋。
註 15：參照經濟部 100 年 7 月 26 日經商字第 10002420340 號函釋。

擔任公司的董事,則其持有的特別股發行內容,可明定當選一席的董事,同時約定可以對「股東會決議解任特定董事之結果」行使否決權(註16),以維持董事席次,同時避免未來股權稀釋後,自己遭股東會決議解任的情況。

不過,馬克為了滿足此需求,除了在章程上的特別股要訂明有此規定外,還要注意的是,將來必須一直持有此特別股,才能享有「當選一定名額董事」之權利,否則一旦移轉,則等同於將此特別的權利拱手讓出。

相信你有注意到,我們提到的是「當選一定名額董事」,也就是說,必須經過股東會選任的程序(選舉),並不能直接指定董事,所以若公司章程中沒有明定採董事候選人提名制度,則馬克必須在股東會選任董事以前,讓自己成為被選舉人。

相反地,如採取董事候選人提名制度(參照《公司法》第192-1條),因應提名制,馬克必須成為每次董事選舉中的被提名董事候選人,才能達成當選的條件。而考慮到董事候選人名單是由董事會提出,為了避免未來因董事席次增加恐被踢出董事候選人名單,建議未來可控管發行此類特別股的數量及核發對象,尤其即使經過多輪募資,仍建議馬克持有公司已發行股份總數 1% 以上股份,以確保有權提名董事候選人,並提名自己(參照《公司法》第192-2條第3項)。唯有透過一系列的制度設計,才能實現馬克有權決定一席董事的需求。

讓我們回到馬克及傑克最初的需求,兩人提出「可以否決董事長人選」的特別股。經前述說明,相信各位創業家應該有注意到,因為董事長是由董事會選出,並不在股東會決議的權限內,也因此馬克及傑克如果在章程中規定「特別股有否決董事長人選」,甚至寫有「解任董事長」的文字,可是會被主管機關要求刪除及調整的。

# 董事必須懂多少？

公司章程的記載事項介紹中，不論是有限公司或是股份有限公司都有一項必要記載事項：董事人數。董事為主要決策及執行公司業務的成員，創辦人也多擔任此一職務，在馬克及傑克的案例中，其實兩人也有意識到掌握董事席次的問題。

除此之外，在有多數董事時，有限公司的董事們如未另外互選出董事長，則每一位董事都可對外代表公司（公司負責人）；股份有限公司則在《公司法》第 208 條第 3 項的規定下，僅由董事長為對外代表之公司負責人。

在內部管理方面，有限公司的董事們針對非通常事務之執行，須經過半決議（數人頭）；股份有限公司在《公司法》的設計下，關於內部業務之執行決定，如公司未設有常務董事，或董事會未於一定權限範圍內授權董事長，則所有業務之執行均由董事會裁決（參照《公司法》第 202 條）。在此之中，我們不難發現，董事為公司的關鍵掌舵人，也正因如此，《公司法》中亦對於董事資格、選任、責任等設有一定的要求。以下便進一步介紹這些與董事相關的規定。

## · 董事的產生

董事的選任，除了尊重股東的決定外，法規上還有董事資格的限制（俗稱的消極要件），像是董事皆被要求須具備行為能力，不得有詐欺、背信等特定罪確定（參照《公司法》第 30 條），且不得兼任監察人；而有限公司因為人合的特性，更要求董事必須具有股東的身分。另一方面，有限公司及股份有限公司的董事解任，同

---

註 16：參照經濟部 108 年 5 月 13 日經商字第 10802410440 號函釋 。

樣也有法定規範，例如股東決議解任等。

另外，董事選派上，如果由法人股東取得董事席次，可直接安排人選出任（參照《公司法》第 27 條第 1 項）。以下我們分別就有限公司及股份有限公司說明。

## 有限公司的董事

程序上，從股東中選出符合章程董事數量的董事，也就是說，董事必須具有股東身分。《公司法》未對於有限公司董事的選任方式有所限制，甚至也無要求股東須實際集會選任，因此，在此選任程序上，操作彈性較股份有限公司大。

董事是必須設置的角色，股東們要從股東中選任至少一人擔任董事，以執行業務並代表公司，不論公司規模大小，董事人數上限就是 3 位，但沒有任期限制的強制規定。

此外，有限公司並未強制要求設置董事長，而是每個董事都可代表公司，但如果章程中有規定設置董事長，則由董事長代表公司（參照《公司法》第 108 條第 4 項準用第 208 條第 3 項），董事長經董事們互選，由過半數董事的同意人選擔任。但請注意，有限公司不像股份有限公司有設置董事會的規定，而是準用無限公司規定，也因此公司業務的執行，除了通常事務外，皆須以過半數董事同意方式決定。

有限公司的董事不得隨意被解任，需要有正當的理由且經過表決權 2 ／ 3 以上的股東同意（請注意，這裡的解任一樣不要求要召開實體會議）。同時可留意的是，有法定要求有限公司董事不可以無故辭職的規定。

## 股份有限公司的董事

程序上，依股份有限公司是否為閉鎖性而有所不同。如果為非

閉鎖性的股份有限公司，則股東會選舉董事的方式一律採取累積投票制（參照《公司法》第 198 條）。在此選舉制度下，每一股份有與應選任董事人數相同的選舉權，且可集中投給一位候選人或是分配給不同候選人，並以得票數較多的候選人當選該次應選出的董事席次。

舉例說明：甲公司總發行股數為 10 股，且均為普通股，本次股東會要選出 3 席董事，而股東 A 有 5 股，則其選舉權為 5×3 ＝ 15，所以股東 A 可以就其享有的 15 個選舉權，投票給單一董事候選人或是配票給不同的董事候選人；如果為閉鎖性股份有限公司，則可透過章程規定，採取其他選舉方式，例如：全額連記法、每股普通股僅有一個選舉權等。

所有的股份有限公司（包含閉鎖性）均須設置董事，但董事並不須具有股東身分，這就是常聽到的經營與所有分離原則。同時，董事有任期 3 年的限制（得連選連任），其他一般資格如前所述。

在董事席次上，不像有限公司有數額上限的限制，常見是設置 3 位以上，且習慣為單數，以方便董事會的進行與表決。要補充的是，前面提到目前《公司法》已經放寬規定，讓股份有限公司可透過章程設計而不設立董事會，直接由一至兩位董事執行公司職務，如果董事只有一位，就直接擔任董事長，兩位則準用董事會規定（參照《公司法》第 192 條，在此提醒：兩位董事不易於表決）。所以，股份有限公司可不設立董事會，但仍一定要有董事。

在董事任職期間，可透過股東會事前提出議案並召集會議下，以特別決議方式隨時解任該董事。但因為《公司法》規定，如無正當理由解任特定董事時，該董事有權向公司請求賠償，因此股東會在為此決議前，要有正當事由（例如：董事不盡職或從事損害公司利益之行為等）。

由於董事直接參與公司的經營，因此在數量及安排上相當重要。然而，董事人數增加將影響董事會決策效率，更重要的是關於公司事項的決議，也會隨之充滿變數。因此，對於創辦人而言，董事席次的掌控及釋出，之間的拿捏就是學問。

當然，這裡並不是說創辦人和投資人的關係是對立的，也有很好的情況是創辦人和投資人相互理解與信任。投資人藉由董事的身分，對內實際掌握公司狀況，對外籌措資源挹注公司，甚至是成為創辦人的導師（Mentor），帶領創業家更快掌握商場奧祕。

## ・ 董事的責任

公司為法人，具有獨立人格，可承擔權利及負擔義務，也因此，除法律另有規定外，法人行為產生的法律責任，不會延燒到公司背後的負責人及股東身上。而要董事個人負責的情況，則像是《公司法》及其他法規為確保身為公司負責人的董事能努力履行其職務義務，為公司營運負責，董事甚至需要與公司連帶負責。

對於董事責任，分為對於公司內部及公司外部的責任：

### 對於公司內部的責任

從《公司法》要求公司的董事應盡忠實義務（Duty of Loyalty）與善良管理人的注意義務（Duty of Care）來看，董事處理公司事務時，應以公司的最佳利益為考量，不可圖謀自己或他人的利益，並以相當知識經驗和誠意之人所應有的注意程度，來處理公司的相關事務。

簡單來說，公司負責人一方面必須對公司忠誠與誠實，另一方面必須比處理自己的事務更為小心及謹慎，才能不負公司與股東所託。若有違反，導致公司受損害時，須對公司負損害賠償責任。

而這樣的賠償責任還不夠，《公司法》第 23 條第 3 項甚至規定，

董事如果是為了自己或他人的利益違反上述義務時，經股東會通過決議後，公司可以行使所謂的「歸入權」，將其因違反上述義務所產生的一年間所得，視為公司所得。

此外，我們也常見從此義務衍生而出的刑事責任，如背信、填製不實會計憑證、（幫助他人）逃漏稅捐等，因此董事在執行職務上，要特別留意。

### 對於公司外部的責任

董事（負責人）處理公司事務發生違法情事，導致他人受害時，必須與公司對該他人負連帶賠償責任（參照《民法》第 28 條、《公司法》第 23 條第 2 項）。例如：公司販賣侵害他人商標權的仿冒品，或製造、販賣侵害他人專利的產品，董事也有可能會遭被害人一併請求連帶賠償。

儘管前面提到，公司是法人，可以負擔責任及義務，但公司的行為仍是透過董事等公司負責人為之，在法規上也規範了董事的對外責任。因此，董事在執行職務時，必須留意是否符合法令規範，降低自己的賠償風險。

另外，行政法規有時也會要求董事或董事長負擔公司的公法上義務。例如：公司已確定的欠稅金額加上已確定的罰鍰金額達新台幣 200 萬元，或在行政救濟程序（例如：訴願、行政訴訟等）終結前達新台幣 300 萬元時，行政主管機關都可直接限制董事等公司負責人出境（註 17），也請務必注意。

---

註 17：參照《稅捐稽徵法》第 24 條第 3 項規定。

# PART 2

## 組織與經營你的團隊

▶隨著公司的發展，適度引進專業人才，更能開疆拓土、搶得先機。但只要有人事，就有管理的議題，接著就讓我們深入了解經理人與員工的相關概念與區別。

| 第 6 章 |

# 經理人與員工大不同

關鍵字

經理人、委任、僱傭、承攬、兼職、競業禁止、信任關係、片面終止、
專業經理人、勞動派遣權益指導原則、勞動契約認定指導原則

# ★馬克與傑克的創業歷險記★

　　馬克跟傑克終於著手研發具監控健康功能的智慧寵物餵食器，他們購買並拆解市售產品，認真研究其硬體零組件，調整幾個月後，終於有了樣品。但此期間，馬克卻忘了申報營業稅，只得趕緊整理出支出單據記帳並補報，加上開始要向銀行申辦貸款、產品生產也已排入時程表，這些關於成本的規畫和控制，都涉及複雜的財務知識。

　　於是馬克和傑克認為，是時候找一位懂財務的人來協助了。但在詢問身邊的朋友後，大家不約而同都問：「你們要找的這個人，是財務長呢？還是一般的會計人員呢？」兩人內心產生疑問：「兩種的差異不就只是職稱上的不一樣？還是有什麼差別呢？」

新創公司成立後，創業家們往往想要趕快招兵買馬，大展身手，這時，開始有創辦人以外的角色加入。其中，無論是員工還是外部顧問，相關角色的權責都還算清楚。

然而，除了上述角色，很多新創團隊也會給出下列常聽到的職銜：執行長（Chief Executive Officer, CEO）、營運長（Chief Operating Officer, COO）、財務長（Chief Financial Officer, CFO）或技術長（Chief Technology Officer, CTO）等。這些職稱可能會令人直觀地浮現出「專業經理人」這個名詞，但這樣的角色在法律上的定義是什麼呢？有什麼權利及義務？和一般員工又有何不同呢？這些常令創業家一知半解，一旦後續對此產生爭議，便會讓公司陷於困境。

接下來，就讓我們在本章談談經理人這個角色，以及與員工的區別。

# 常見勞務契約關係：委任、僱傭、承攬

首先，公司聘請員工為公司效力，與員工間的法律關係可能為委任、僱傭或承攬，其中，僱傭關係又可再細分為是否適用《勞基法》（請留意，目前仍有些行業是勞動部列出不適用《勞基法》）。

## ・委任關係

委任關係指的是委託人委託他人處理一定事務，目的為任務的處理，受託人僅以勞務等手段完成受託事務；而受託人執行任務時，除雙方另有限制約定外，受託人可在委託人給予的權限內，自行決定處理事情的方法，以達成受託內容。

委任關係對比於向雇主提供勞務的僱傭關係，享有處理事務的自主權，雙方關係也較平等些。委任關係的職務包括：公司的董事

及監察人、外部聘用的律師、會計師等其他專業顧問。

## ・ 僱傭關係

《民法》規定的僱傭，其目的在於受僱人僅單純提供勞務，且強調工作本身，並非保證工作的成果，其對於服勞務之方法並無任何自由裁量的空間。

僱傭關係提供勞務時必須親自履行，不得使用代理人。我國為了保障勞工權益，對於勞工和雇主間的僱傭關係，透過《勞基法》規定，課與雇主於約定勞動條件時不得低於法定最低標準。因此，公司與員工間的僱傭關係，還須留意《勞基法》的規範。

我國《勞基法》於民國 73 年 7 月 30 日施行，並採漸進式分階段指定行業陸續適用的方式，因此目前多數勞雇關係適用《勞基法》規範，僅有部分不適用《勞基法》的行業及其特定行業的特定工作者，例如：國際組織及外國機構、未分類其他餐飲業、家事服務業、公務機構（技工、工友、駕駛人、臨時人員、清潔隊員、停車場收費員、國會助理、地方民代助理除外）之工作者，以及私立各級學校之編制內教師、職員及編制外僅從事教學工作之教師等。事實上多數的受僱員工屬於適用《勞基法》的僱傭關係，以下為方便區別，我們稱上述不適用情況者為勞動關係。

目前依據實務發展，判斷勞動關係的指標為「勞工與雇主間具有使用從屬及指揮監督之關係」，而其中關於「從屬性」更有進一步的解釋，我們之後再說明。

## ・ 承攬關係

承攬人（接案者）完成一定的工作成果，才能向定作人（業主）請求支付報酬。至於承攬人如何完成工作成果，以承攬人專業為之，除非雙方有約定不能轉包外，定作人並不干涉。

雖然具有決定工作地點、時間、方式與內容的自主權，但相較於委任，承攬關係中要求所完成的工作成果，須具備約定的品質，以及無減少或滅失價值或不適於通常或約定使用的瑕疵，這是和同樣具有自主權的委任關係最大的差異。常見的承攬關係，例如：公司的裝潢及水電維修、家庭代工等。

　　另外，大家常聽到的「派遣」，僱傭關係或勞動關係實際上存在於派遣公司及派遣員工之間，用人單位（公司）僅與派遣公司明定派遣服務契約關係（即要派契約），由派遣公司指派其所屬的人員到用人單位提供勞務，而該人員僅就勞務提供的內容上，聽從用人單位的指揮監督。

　　也就是說，派遣公司仍為派遣員工的雇主，用人單位與派遣員工之間並沒有僱傭關係。不過，公司使用派遣員工達到節省經營成本或人員靈活調度的同時，也要留意從民國108年6月21日起，《勞基法》將勞動派遣制度納入規範，提高並保護派遣員工的權益。另外，也課與用人單位對於派遣員工一定的保護義務，像是不可以有面試或指定派遣勞工，避免「人員轉掛」勞工之行為。此外，符合特定條件下，派遣員工可先向用人單位請求被派遣公司積欠的薪資；用人單位應與派遣公司對於派遣員工發生的職業災害補償負連帶責任等。因此，當公司使用派遣員工時，仍須承擔相對應的責任，也須留意勞動部公告的「勞動派遣權益指導原則」。

　　大家印象中的經理人屬於公司的管理層，具有處理專業事務的能力，並享有自主權。似乎認為經理人和員工之於公司，應該截然二分，但有時卻會聽到某公司總經理、副總經理向公司主張資遣費的爭議新聞，此時心裡難免會有：「咦！資遣費不是勞工才能請領的嗎？」的疑問。對此，我們可從經理人及員工分別與公司間之聘任契約關係所各自適用的法規，了解兩者的差異。

# 專業經理人或受指揮員工？

公司企業欲招聘專業經理人員，那麼該名人員究竟該屬於自由度高的經理人，還是為受公司指揮監督的員工呢？公司應先確認雙方合作基礎的法律關係。

首先，我們要有個基本概念：法律上所謂的經理人，是基於《民法》的委任關係；而受僱的員工，多數為《勞基法》的勞動關係。委任關係對於受託處理的事務有相當的指揮性、計畫性或創作性，和勞動關係中，員工受公司指揮及管制，這種完全聽命於公司行事的型態明顯不同。

實務上，內部人員與公司間是否為前述受公司指揮及管制建構的勞動關係，判斷基準主要在於該人員須有「從屬性」。依此認定上，又發展出 3 個認定原則：

- **人格從屬性**：服從公司指示，遵循公司獎懲。

- **經濟從屬性**：為公司的目的勞動，不是為自己營業。

- **組織從屬性**：成為公司生產體系的一員，與同僚分工合作，個人特性不重要。

根據以上原則，並藉由「從屬性」的高低，就可實質認定是否為勞動契約關係。由於這類爭議甚多，勞動部更訂定了「勞動契約認定指導原則」及對應的「勞動契約從屬性判斷檢核表」（皆可上勞動部網站查詢），以輔助判斷。

簡單來說，工作內容愈受到公司指揮監督，則愈屬於所謂的勞動關係，也就是受《勞基法》保護規範下的勞工。

# 區分經理人與員工差異

為什麼區分經理人與一般員工的差異這麼重要呢？從法律效果上來看，經理人的任用，在對外和對內主張的權利、離職的方式或解任的程序等，都與員工有所不同（表3）。

我們也可從公司要求該任用人員的績效程度、如何管理，甚至反面從該人員如何保護自己的權利（包括公司如何解除聘任等）來理解。對於公司而言，如果不審慎區分，未來有可能和經理人間，會因聘用所適用法律的權利與義務不明，進而產生爭議，甚至得額外支出成本處理，若經理人不慎落入勞工身分，將面臨違反勞動法規的不利處分。

當公司聘用經理人時，強調的是信賴。經理人對於受委任的事務，依其判斷決策、自由發揮長才，為公司管理事務，可代表公司簽名，協助公司運營，不像員工受公司指揮及監督其職務履行方式及內容。同時，也常見公司對經理人設定聘任期間及績效達標與否，作為續約的基礎，此點也和解僱員工的方式大有不同。公司對於員工解僱，受《勞基法》限制，事由嚴格很多，這就是所謂「解

| 不適用《勞基法》 | 非強制納保及提撥對象 | 可隨時終止契約關係 |
|---|---|---|
| 無加班費、一例一休、特別休假、請假、職業災害補償、退休金、資遣費等法定給付；也沒有工時及加班時數的上限等 | 投保勞工保險、就業保險、職災保險，也不用強制提撥勞工退休金 | 不適用最後手段性原則，也無預告期間 |

表 3　委任經理人與勞工的最大差別

僱最後手段性」（本書第9章會進一步介紹），如有不慎，便可能形成違法解僱。

在我們處理過的經驗中，公司自行擬定給這些重要人員的契約，像是營運長契約等，當中常見在文件前言說明和這些人員的合作內容時，提到約定幾年一聘、工作事項、達成的目標等，此確實符合委任的特性，但細看內文，又提及固定的上下班時間與地點、每週工時要求等，甚至有些還出現「適用《勞基法》」的文字，每每都令人捏把冷汗。

我們也曾遇過實際案例：創業家授意將公司全權交給請來的CEO經營，但一段時間後，公司營運卻不見成長，眼見資金即將耗盡，深入了解後才發現，CEO在外還另有其他生意，未能全心投入於職務。當創業家詢問律師是否可對其採取法律行動時，經檢視契約後才赫然發現，合作契約依勞動契約架構設計，不易直接主張「兼職禁止」及「競業禁止」，這都增加了公司主張權利的困難度。

這些案例中，因一開始未細究其關係，並做出相應的權限措施，待日後解任時，特別是雙方不歡而散之際，就更容易發生爭議。如實務上曾發生過的，任主管職的經理人被解聘後，向公司主張資遣費、未休的特休工資、勞健保費用、勞退金等權益，而這些潛藏風險一不小心就很容易讓公司陷入困境。因此，既然事前的預防能減少事後風暴，先了解兩者間的不同，就更有價值。

回到本章案例，在了解經理人與一般員工區別的重要性與對公司的影響後，針對馬克想要尋覓的「懂財務的夥伴」，究竟是以任務為取向，且有公司決策權的財務經理人？還是比照員工的權利與義務，並受公司指揮及監督的經手財務事務的勞工？都是馬克得先行思考的。

| 第 7 章 |

公司舵手——
經理人的權利義務

關鍵字

經理人、代表、委任、自我交易、負責人、
注意義務、忠實義務、實質關係

# ★馬克與傑克的創業歷險記★

　　馬克思考著如何因應財務專業上的問題，且目前公司內部並沒有相關人員可以覆核，因此還是需要聘請財務經理，特別是未來的成本控管及稅務規畫等，都有賴此成員協助。而公司也不要求其必須每日出現在辦公室，而是賦予任務導向的職權。

　　但說到權責，馬克聽說經理人可以對外簽署契約，這樣反而讓他有點猶豫，是否要讓這位財務經理以經理人方式聘用。同時，馬克突然想起公司登記表上好像有一欄須填入經理人的資料，他不禁思考：「經理人是否要辦理登記？他們的職責又在哪呢？」、「聘用經理人要經過什麼樣的程序？」

除了與公司間契約關係的不同，經理人與員工更有著職責內容上的差異。職責上，在我們的印象中，經理人協助公司管理及營運，決策也會影響公司的績效及發展，而具備資源整合與良好績效表現的經理人，勢必能為董事分憂解勞，成為公司中重要的角色。針對此公司內部成員，法規上也附加其相對應的責任義務。

在了解經理人與員工分別與公司間成立的基礎關係後，讓我們進一步來看看經理人的相關規範。

## 經理人在法律上的規定

區分經理人適用《勞基法》與否，過去勞動事務主管機關曾提出一個清楚的區別方式：依《公司法》委任之經理人及依《民法》第 553 條委任有為商號管理事務及為其簽名之權利之經理人，均不屬《勞基法》所稱之勞工，亦不適用《勞基法》（參照行政院勞工委員會 86 年 1 月 9 日台 86 勞動一字第 01032 函）。我們可由以上內容理解兩者的區別。

以下提供更多說明，讓創業家們對經理人有更進一步的認識。

### ・ 民法上的商號經理人

《民法》上將經理人定義為「受商號授權，為其管理事務及簽名之人」（參照《民法》第 553 條），也就是說，經理人有商號的管理權、對外代表權、代表商號之訴訟權，即為經營商號的經理人。而多數公司型態的經理人規範，則須參考下面《公司法》的相關規定。

### ・ 《公司法》上的經理人

相較於《民法》上商號經理人有權限等規定，《公司法》沒有

直接定義經理人，但對於經理人的權限則概括規定為：可透過章程或契約來約定職權。不過，《公司法》倒是對於經理人的委任及解任方式、報酬數額、責任及權益限制，有詳細的規定。

### 經理人的選任及解任

《公司法》規定公司得透過章程規定設置經理人。在此之下，經理人與公司的委任關係，開始及解除方式與報酬數額的約定等事項，決定方式為：

- 有限公司：要有全體股東表決權過半數同意。

- 股份有限公司：屬於董事會決議事項，要有董事會以董事過半數的出席，以及出席董事過半數同意的決議（參照《公司法》第 29 條規定）。

但須留意的是，法規上對於公司經理人另有消極資格的限制，像是曾犯詐欺、背信、侵占等罪，被判有期徒刑一年以上之刑確定，都會影響其擔任資格，這部分和本書第 5 章所介紹的董事相同（參照《公司法》第 30 條規定）。

### 經理人的法定責任

經理人基於委任關係，對公司負有相關義務，常見像是善良管理人的注意義務與忠實義務等，以及遵守決議的義務（股東會、董事會或執行有限公司業務股東的決定）。

特別要注意的是，《公司法》明文規定，經理人在執行職務範圍內，也是公司負責人，對於公司有照顧義務，有義務為公司謀求利益。如果經理人在執行職務上，因貪圖自身利益，造成公司受損時，公司甚至可在事後一年內透過股東會決議，將該行為之所得視為公司之所得，藉此向該經理人要求給付利益（參照《公司法》第 23 條第 3 項規定）。因此，此類自我交易（Self-dealing）就是忠

誠義務相當在意的部分，經理人也須特別注意。

經理人的權益限制

　　經理人以專業來經營管理公司，在任職期間內，不可兼任其他營利事業（包括公司組織、獨資合夥）經理人，這是「兼業禁止」，也有不可為自己經營或為他人經營同類業務的「競業禁止」，避免一心二用，發生有損公司利益的行為。

　　當然，這也不是鐵板一塊，要免除經理人「兼業禁止」或「競業禁止」，和上述經理人選任方式一樣，透過股東或董事會的決議即可。實務上若經理人違反上述規定時，公司得依《民法》第 563 條的規定，請求經理人將因其競業行為所得之利益，作為損害賠償（參照最高法院 81 年台上字第 1453 號判決）。

# 經理人聘用的兩大疑問

　　以下為各位說明，在聘用經理人時常見的兩大問題：

## ・Q1：未依《公司法》委任程序聘用時，是否仍屬委任關係下的經理人？

　　前面提到的經理人，由於其有一定權限，因此在《公司法》上也有相關的責任要求，以保護公司，但前提是須依《公司法》走一定的委任程序。然而，實務上許多新創公司因為不清楚上述規定，沒有照著前述股東或董事會的決議委任程序辦理。此時，這類經理人與公司間的關係究竟為何？

　　針對這個問題，仍多回歸其實質關係進行判斷，以人格上、經濟上及組織上的屬性，還有勞務與報酬之對價關係等，作為區別標準，至於名稱、程序完備則是輔助判斷基準。所以，當有經理人未

依《公司法》委任程序聘用，但職銜為總經理，法院仍會因為以實質認定是否為經理人，而判斷其與公司間究竟屬於勞動關係（註 18）或委任關係（註 19）。

## ・Q2：未辦理經理人登記就不是《公司法》的經理人？

由於《公司法》第 393 條及公司登記辦法訂有經理人姓名為公司的登記事項，並依《公司登記辦法》規定，如有變更（經理人委任或解任），原則上應於變更後 15 日內，向主管機關申請變更登記。如果公司負責人沒有在期限內申請變更，會有行政罰鍰（參照《公司法》第 387 條第 4 項及第 5 項）。

但請留意，依《公司法》第 12 條規定，公司登記事項除設立登記外，僅不得以其事項對抗第三人（法律上稱為「對抗效力」），也就是說，《公司法》上規定之應登記事項即使不登記，在法律上還是有效成立，但只能在當事人之間產生效力，不能對當事人以外的第三人主張發生的效果。回到公司未登記經理人的情況來看，即使公司沒有向主管機關辦理公司經理人登記，也不會影響公司與經理人間委任關係的效力。（註 20）。同時，當經理人已依《公司法》第 29 條第 1 項規定進行委任後，登記與否也不會影響其是否遵循《公司法》的經理人責任與義務（例如：《公司法》第 32 條之「競業禁止」，註 21）。

簡單來說，如果馬克決定所聘任的財務經理為公司經理人，只要符合本章提及的經理人要件，即使漏未辦理經理人登記，也不會影響其具備《公司法》上經理人的效果。

---

註 18：參照台灣新北地方法院 102 年度重勞訴字第 22 號判決。
註 19：參照台灣彰化地方法院 101 年度重勞訴字第 3 號判決。
註 20：參照最高法院 67 年度台上字第 760 號判例、最高法院 87 年度台上字第 376 號判決。
註 21：經濟部 63 年 5 月 10 日商 11890 號函釋。

# 制定經理人聘任契約

　　當公司確定以委任方式聘任經理人時，為了避免前面提到的爭議發生，我們建議公司在聘任契約中，須將公司應維護自身利益的條件明定於契約裡。常見的條款設計方向如以下：

1. 約定一定服務期間，搭配績效考核等條件，設計是否提前終止及續任的基礎。

2. 經理人在職期間或離職後一定期間的「競業禁止」及在職期間「兼職禁止」規定。

3. 經理人的職務範圍。搭配公司管理制度，明確約定經理人與董事的職權分配，較能降低合作期間職權不明的情況。

4. 公司為增加經理人服務、留任或續任意願，多以分配股份為誘因。但請留意，經理人的報酬若包含給予持股，則在未經特別設計下，無法適用《公司法》上之員工認股權等規定，理由在於，一般來說，經理人與董事和監察人之身分同樣都不是員工，無法享有領取員工認股制度下的員工認股權。因此，在配股部分須特別安排。（再次強調，給予股份這件事務必謹慎，尤其考慮是否約定「免稀釋股份」條件。如果用股份作為經理人報酬或獎勵，應思考經理人服務期間，甚至離職時的配套處理方式，像是分階段提供股份、限制股份轉讓，或是離職時的股份買回等條款）。

5. 經理人的創作、所開發的成果，特別是在智慧財產權的歸屬上，因其並非員工，若公司須取得該等成果的智慧財產權，亦應事先明文約定。

6. 契約中務必避免出現「使用《勞基法》」等文字，可明文約定此為委任契約，不適用《勞基法》。

由於經理人這樣的角色涉及公司營運甚深，對於公司資訊掌握也更深入，所以從任用前，就應思考其退場時的好聚好散。同時，公司聘任這些重要管理人員時，千萬不要只用頭銜（總經理、總監、協理或襄理等）就斷定彼此的法律關係。

　　此外，如採前述《公司法》形式上的判斷標準，至少要完整執行及保留董事會的決議，且完成登記經理人的程序，這些都可增加被認定經理人之機率。最後，建議在聘任契約中，以委任契約之約定設計，並增加明顯非勞動關係的條款，盡量降低未來被認定為勞動關係的可能，減少契約法律定性的爭議。

　　除了約定契約外，對於經理人的管理關係也需要留意，勿讓契約流於形式，畢竟聘用關係於實務上，仍是以實質進行判斷。由衷希望大家不僅能找到優秀的專業經理人，又能夠保有公司的穩健經營制度，如此才能長久發展下去。

| 第 8 章 |

# 員工
# 招募與錄取

關鍵字

**職場平等聘僱、從屬性、勞動基準法、最後手段性、經常性薪資、
契約要件、錄取通知書、隱私權、試用期、工作規則、最低服務年限、
競業禁止、兼職禁止、外國人聘僱、就業金卡**

# ★馬克與傑克的創業歷險記★


　　當馬克和傑克總算搞定了財務主管的聘任關卡後，便全力推進智慧寵物餵食器的生產任務。在委託工廠製造這段期間，馬克也透過線上的開店平台、群募平台，開啟公司商城及商品預購，並藉由各種社群媒體的曝光及分享，陸續接到訂單。

　　面對後續的行銷、出貨，以及與工廠、消費者聯繫等大大小小的事情，馬克已預想到自己肯定忙不過來，因此開始招募專人，負責網站營運及訂單處理。經身旁友人推薦，終於應徵到合適的夥伴。

　　然而，這份喜悅沒有持續太久。因為馬克萬萬沒想到竟會在其到職日當天，接獲那位夥伴來電告知臨時生病住院，要延後一個月才能上班。已經分身乏術的馬克與傑克心瞬間涼了一半，苦惱著這段時間的人力安排，也猶豫著是否可以取消對方的錄取通知另找他人。但，這樣會違法嗎？

前一章我們談到經理人與員工的區別，相信創業家們已了解經理人在法律上的概念。接著，我們就來談談公司另一個重要的資產——員工。

公司透過經理人協助營運決策，而決策的執行面則有賴員工，兩者雖功能面向不同，但為互補。多數公司與員工間構成的勞動關係適用《勞基法》，而在勞動關係上更多了法令最低保障的要求，使得公司與員工間所約定的勞動條件，不再只是單純的雙方間同意即可；也因此，勞動關係在內部約定與外部勞動法等社會性立法規範的交錯下，員工的聘僱及管理對於創業家而言，便為不可輕忽的一環。

甚至我們可以說，從招募開始，雖然勞動關係尚未成立，但對於公司而言，就已經有需要留意的法律規範，而錄取、公司報到等過程，更有許多細節要注意，本章以此進行說明。


# 員工招募提醒

儘管勞動關係尚未生效，但公司其實早在招募階段，就應該要有遵守相關法律的義務，而不是直到簽署勞動契約或上班到職（On Board）的那一刻。以下就為你歸納出常見的員工招募相關法規與議題。

### ・ 小心就業歧視

法律規定，公司不得以求職者的種族、性別、年齡、婚姻、容貌、身心障礙、星座等原因，而有就業歧視或差別待遇（參照《就業服務法》第 5 條第 1 項、《性別平等工作法》第 7 條、《中高齡者及高齡者就業促進法》第 12 條）。

就業歧視的案例中，常見雇主為了減少未來人員異動的可能

性，常於招募時詢問求職者有無結婚、懷孕、懷孕計畫等，但這些問題都屬於性別歧視的範圍（註22）。曾有餐廳公告的外場人員應徵條件為「漂亮美眉，正職／兼職皆可，須滿 18 歲之女性」，遭當地政府機關認定雇主以性別、年齡及容貌對求職者為不當差別待遇，違反了《就業服務法》第 5 條第 1 項規定、《性別工作平等法》第 7 條及《中高齡者及高齡者就業促進法》第 12 條第 1 項規定，而對該雇主開罰。

諸如此類的案例不勝枚舉。所以雇主招募時，一不小心就可能讓公司陷入遭裁罰新台幣 30 萬元以上 150 萬元以下的罰鍰，還可能遭主管機關公布雇主姓名或名稱、負責人姓名的風險，進而影響商譽，尤其這樣的違法情況如未於期限內改善，還會被按次處罰。因此，建議創業家於面試過程中，對於這些議題務必謹慎處理，如與職務無關，應盡量避免詢問及取得資訊，以防不當發言及評論。

此外，刊登職缺時也要注意，如欲招募的職缺經常性薪資（月薪）未達新台幣 4 萬元時，不可以「面議」兩字帶過，而應公開揭示此職缺的薪資範圍，且經常性薪資須為該職缺的最低經常性薪資（註23）。亦有雇主誤會經常性薪資的定義，認為現有職員能取得的全勤獎金、業績獎金都可納入經常性薪資中，是為員工個人因素才拿不到招募上所說的 4 萬元薪資。雇主顯然忽略了這些獎金實際上同樣仰賴員工的個人表現，並不屬於前述最低經常性薪資的定義。

## · 求職者個資保護

欲取得求職者的個人資料，應具有特定目的（例如：面試、統計分析、行政管理、人才庫建檔等），並有合理的關聯性及必要性，不可過度蒐集，否則便會侵害了求職者的隱私權，並違反《個資法》。

同時，常見的性傾向、性生活、良民證（犯罪前科）等，還可

能涉及「特種個資」（參照《個資法》第 6 條），更不應碰觸。建議創業家在提供給應徵者填寫的履歷表或基本資料表，應加上《個資法》的法定告知事項（參照《個資法》第 8 條），並取得應徵者的同意，以作為蒐集、處理、利用個資的合法基礎。關於《個資法》的議題及處理技巧，詳細內容請參照本書第 15 章的介紹。

### ・避免蒐集隱私資訊

「如果不能問，我可否先請求職者在面試前填寫『蒐集、處理及利用個人資料同意書』，取得其同意，再請面試者填寫資料時，在表格中勾選感情狀態、有無懷孕、有無犯罪紀錄、是否被宣告破產紀錄等問題？」可惜的是，這樣仍可能違反《就業服務法》及《性別平等工作法》。

雖然《個資法》容許經當事人同意下，即可蒐集其個人資料，但在蒐集、處理或利用個人資料上，由於《就業服務法》及其細則屬於特別法，優於《個資法》適用，因此從法務部過往的函釋（註24）「蒐集、處理及利用員工個人資料告知暨同意書」裡可知，公司得蒐集、處理、利用及保有員工個人資料類別，應先視有無違反《就業服務法》及其細則規定，不可以只因書面同意，而免除《就業服務法》第 5 條第 2 項規定提到，雇主招募或僱用員工時不得違反求職人或員工的意思，留置其國民身分證、工作憑證或其他證明文件，抑或要求提供非屬就業所需之隱私資料。

而非屬就業所需之隱私資料則規定於《就業服務法施行細則》

---

註 22：參照台北高等行政法院 107 年度簡上字第 198 號判決。
註 23：勞動部 108 年核釋《就業服務法》第 5 條第 2 項第 6 款所稱公開揭示或告知其薪資範圍，指雇主招募員工，應使求職人於應徵前知悉該職缺之最低經常性薪資，並應以區間、定額或最低數額之方式公開。
註 24：參照法務部法律決字第 10200683890 號函釋。

第 1-1 條，舉例來說，像是生理資訊、心理資訊、個人生活資訊，以及有無懷孕計畫、健康狀況等與應聘職缺無關的個人隱私資訊。

# 錄取階段注意事項

只要當事人對於契約必要構成內容（必要之點）互相表示意思一致，契約即屬成立，除非有法令要求以書面形式，契約也沒有限制的形式。套到勞動契約，則是求職者及雇主對於勞動契約的必要之點（基本上為薪資及工作內容）達成合意，雙方即成立勞動契約。原則上，不管是透過口頭或是書面，均不影響勞動契約成立與否的效果。

也就是說，如果雇主在面試時，雙方對於勞動內容（像是職位、工作地點、上班時間等）及薪資條件均確認，且對面試的求職者明確口頭表示錄取，當下求職者也承諾接受了，則雙方間的勞動關係即視為成立。再次提醒，契約不以書面為成立要件；至於舉證與否，則是另外的議題。

但雇主可能會問：「這位求職者都還沒完成公司的報到程序，也算是有契約關係嗎？」以上端看雇主面試時、確認該求職者可入職後，是否有附帶辦理完報到、簽完契約才上班等勞動契約生效的條件。若當時口頭的要約都沒有附帶任何條件，則一樣不影響勞動契約已成立且生效的事實。正因如此，多數公司在面試求職者時，為了保留決定權，不會當下告知結果，而是招募後經過評估與確認，後續才進行通知。

## · 錄取通知書效力

隨著招募階段進入尾聲，確定人選後，公司會向該求職者發出錄取通知（Offer Letter），而錄取通知也是實務上常見契約成立與

否的標準案例，像是新聞常見有些公司向求職者發出錄取通知後又反悔的爭議事件。其起因在於，所發出的錄取通知是否為契約成立條件中的要約，也因此錄取通知的內容，成了釐清爭議的關鍵。

首先，要有個正確觀念：當契約當事人對該契約約定的標的及構成該標的必要內容（法律上稱「必要之點」），不論以口頭或書面互相為互補之意思表示，該契約即生效。所以，勞動契約的成立，是當雇主向求職主提出「聘僱其為公司提供勞務需求（契約標的）及勞務內容（薪資與工作內容）等勞動條件」之意思表示（法律上稱為「要約」），且求職者同意雇主前述內容受聘於公司的意思表示（法律上稱為「承諾」）時，即代表勞動契約成立（圖5）。

所以欲檢視雇主所發出的錄取通知書是否具契約效力，端看公司載明的內容而有不同的效果：

1. 「要約」型態：若內容為「只要該求職者承諾入職，即能成為公司員工」，此時勞動契約成立與否取決於求職者的同意。

圖5　常見勞動契約成立情形

2.「附契約生效條件」型態：若內容為「求職者必須先完成公司報到程序或其他條件，才能取得成員工身分」，則求職者須達成約定條件時，契約才能生效。

3.「承諾」型態：若內容為「公司已同意台端應聘 OO 職位所提出的勞動條件，恭喜您成為本公司的一員」，即代表公司接受求職者的工作「要約」條件，較無反悔空間。

## ・勞工或雇主可以反悔嗎？

在前述勞動契約已生效的情況下，若雇主後來因找到更佳人選，或決定緊縮人力而請求職者不用來上班，此時就屬於雇主違

録取通知內容範本

録取通知說明及注意事項如下，請台端務必詳細閱讀及遵守：

1. 請台端務必遵守報到程序，攜帶報到物品於上述指定時間及地點完成相關程序，並與本公司簽署勞動契約，簽訂時間即為貴我勞動契約成立及生效日。

2. 如台端無正當理由卻未遵期報到，或遵期報到後未與本公司簽訂前開勞動契約，則本公司有權撤銷對於台端之錄取意思表示。

3. 台端須聲明所提交之文件、說明資訊及內容皆為真實，並無隱匿之情。如有違反，本公司有權撤銷對於台端之錄取意思表示。

〇〇公司

約，求職者對於權益受損的結果，有權要求公司繼續履行原本的勞動契約，或依債務不履行規定，向雇主主張賠償。

相反地，如果是求職者因反悔而取消報到，即使《勞基法》規定雇主不得以強暴、脅迫、拘禁或其他非法的方法強制勞工從事勞動（參照《勞基法》第 5 條），但若屬於求職者違約，則雇主可就此所受的損害向求職者求償。

但也要提醒雇主，對於已錄取的求職者因反悔不報到所造成的公司損害，舉證上有一定難度，且經濟效益上也未必為可接受的範圍，因此建議創業家為了避免爭端，特別留意錄取通知內容及是否已成立契約，更別忽略錄取通知內容所傳達的文字意涵（特別是薪資條件），也盡量不要事後才調整更動。

看到這裡，就知道此時要看馬克給的錄取通知內容，以及這位求職者是否在收到錄取通知時，就已回覆同意就職，如此才能判斷公司與這位無法到職的求職者是否已成立勞動契約，並以此確認是否有反悔的餘地。

# 勞動契約訂立注意事項

雖然《勞基法》及其他勞動法規規範了勞動條件的基礎，但仍有相當的調整空間，因此，建議創業家透過勞動契約，明確約定員工對公司提供勞務等詳細義務內容，以及公司對員工提供之福利、報酬等給付項目，依此架構出完整的權利與義務關係，即能有效降低彼此認知落差。以下分享幾點勞動契約常見的問題及注意事項：

## · 試用期約款

我國《勞基法》對試用期並沒有特別規定。面試是公司選才的管道，但要在有限的時間內評估求職者是否合適，不是件簡單的

事，特別是面試時應徵者無不展現最好的一面，但是否為其真實力，尚待後續觀察，更遑論員工實際到職後對企業文化的適應力。這些都不是面試時所能確認的，因此，試用期就成為創業家評估到職者是否合適的最佳工具。

但要注意，試用期並不表示可排除《勞基法》的適用，最多只是擴大了雇主終止契約的空間；而終止試用是否應具備《勞基法》所規定的法定事由，以及是否給予資遣費等，現行勞動部及法院實務上則有不同的見解（註25）。勞動部認為，試用期的終止仍應適用《勞基法》規定，須有法定解雇事由，如為非自願離職情況亦應給予資遣費；相反地，法院實務上則多認為，試用期與正式勞動契約不同，屬於正式聘用員工前的試驗、審查，容許雙方約定較有彈性的終止事由，但雇主仍然不能有濫用權利的情況。甚至還有法院認為，試用期間的終止，並無強制適用資遣費的規定。

在這樣存有爭議的情況下，建議創業家於勞動契約中明文寫出，或以較謹慎之認定方式載明，也可借鏡目前有愈來愈多的公司為降低試用期發生的勞動爭議，針對未通過試用期的員工同樣發給資遣費，或以其他名義進行補償。

此外，試用期既為評估工具，則時間不宜過長，實務一般為 3 個月，屆滿後就應實質審查考核，並注意平等待遇、誠信原則。如果公司違反前述原則便逕自終止適用期，一旦產生訴訟，也可能被法院認定為終止不合法，勞動關係仍存在。最後，關於試用期滿考核未過，但雙方同意以延長試用期方式再觀察時，延長的時間建議最多不要長於第一次試用期的期間（也就是加起來盡量控制於 6 個月內），且保留雙方同意的紀錄為宜，避免產生爭端。

## · 勞動契約基本約款

勞動契約中的基本事項，規定於《勞動基準法施行細則》第 7 條。其他約款如：保密義務、個人資料使用同意、契約增補及管轄法院約定（在《勞動事件法》施行後會有相關影響）等，都相當重要。同時，公司對於員工有工作規則、工作守則、內部管理辦法等規範，也可以設計在契約中，一併要求員工遵守（表 4）。

儘管《勞基法》是雇主與勞工間最低勞動條件的標準，但前面已提到許多更細緻的勞動條件可藉由契約及工作規則等設定，特別是這些規範在不違反公序良俗或強制規定下，會被認為有其拘束力。像是曾有某公司安裝監視器監看員工上班的新聞，此類事件就曾有法院判決（註 26）認為，雇主在辦公場所安裝監控軟體或密錄器如果已事先在工作規則等規範中說明，並無侵害員工權利（隱私權）的問題。

| 勞動契約常見基本事項 | |
| --- | --- |
| 1. 工資（數額議定、調整、計算、結算與給付之日期及方法） | 6. 契約終止事由（包含退休） |
| | 7. 資遣費 |
| 2. 工作場所與職務內容 | 8. 退休金 |
| 3. 工作時間及休息時間（包含休假日、輪班與否及方式等） | 9. 其他津貼及獎金 |
| | 10. 契約終止後義務（交接、離職後「競業禁止」） |
| 4. 職務調動配合 | |
| 5. 請假方式 | 11. 違約處理 |

表 4　勞動契約常見基本事項

---

註 25：分別參照台灣高等法院 102 年度勞上字第 100 號判決、96 年度勞上字第 81 號判決及行政院勞工委員會於 86 年 9 月 3 日（86）台勞資二字第 035588 函釋。

註 26：參照台灣高等法院 101 年度上字第 204 號民事判決。

因此，雙方勞動關係的一開始，如果能讓員工知悉並了解規範用意，應可大大降低勞動爭議。建議創業家對於勞動契約、公司工作規則及內部管理規範的議題多加留意。

而有關勞動契約及工作規則，勞動部及各縣市政府（註27）有相關參考範本可使用及了解。補充說明的是，如公司員工人數增加至30人以上，工作規則的明定不但必要，且須報請主管機關核備，才能公告讓員工知悉。

此外，細部管理事項為求彈性，應制定於工作規則或內部管理辦法中，某些工作規則項目能否只透過公司決定變更（例如：公司不可透過工作規則規定勞工加班，一律以補休替代發放延長工時工資；或是規定員工的特別休假只能排定於週五或週一等休息日或例假日前後），都是常見的議題，建議擬定時尋求專業意見，以符合法規要求。

# 常見勞動契約爭議

我們彙整出創業家常詢問有關勞動契約的問題，將其整理如下下說明：

## ・ 勞動契約期限

不少創業家為了保留聘用員工及成本的彈性，喜歡循國外做法，用「幾年一約」的方式訂定員工的勞動契約，到期後，再視情形決定是否續聘。此法看似進可攻退可守，但我國勞動契約原則上都必須是不定期存續關係，只有在很少數例外情況下（像是個案任務性的聘僱），才可訂立定期勞動契約（參照《勞基法》第9條），如有違反，仍然會被視為不定期契約。簡單來說，一般公司的職務及工作內容，多具備「繼續性」的特點，而應以不定期契約安排。

## · 最低服務年限

有時創業家為了減少人事流動，會設計最低服務年限條款，要求人員須任職滿一定年限，若提前離職就要支付一筆違約金，以此減少人員的離職動機。但這樣的約款要合法有效，首先公司須對該員工確實有額外的資助，才有保障最低服務年限的必要性及正當性。

也就是說，公司必須是提供該任職職業相關的專業技術培訓及負擔實質費用（像是餐廳送廚師出國進修、航空公司提供機師培訓），或給予因此約定所生之合理補償，而且不能以其他名目抵充；再者，在最低服務年限約定中，約定服務的年限也須具備合理性，不得超過合理範圍，否則即使約定了，也會被認定為無效（參照《勞基法》第 15-1 條）。

然而很多創業家自認商業模式或產品稱得上創新，不僅能讓年輕同仁學習新知識，也是員工很好的職場學習機會，於是便誤認為一切符合法規所謂的最低服務年限要件，還請務必注意此一謬誤。

## · 競業禁止

「競業禁止」就是著名的「Non-competition Clause」，這可說是創業家最喜歡詢問的議題了。約束員工離職後一段期間內，不能到競爭企業任職，或一段時間內不可到同產業領域的任何事業任職，透過這樣的限制，防止員工帶槍投靠敵營，以保持公司的競爭力，避免對手彎道超車。

然而，這畢竟限制了員工的工作自由及選擇權，因此《勞基法》第 9-1 條已經明文規定，公司若要和員工約定「離職後」的「競業禁止」條款（編按：任職期間的「競業禁止」約款是可以的，屬

---

註 27：如台北市政府勞動局 https://bola.gov.taipei/Default.aspx。

於員工本來應履行的對待給付義務之一）須符合以下條件：

- 公司要先具有受保護的正當營業利益，且該名員工確實能接觸或使用到公司的營業秘密。簡單來説，愈基層的員工，「競業禁止」的合理性愈低。

- 限制員工就業期限（最長不得逾兩年，超過部分也無效）、區域、職業活動之範圍及就業對象皆須合理。

- 也要給該員工合理補償（注意，這必須是「離職後」所開始給付的補償金，於任職期間巧立名目説薪資已包括了離職的競業補償是無效的）。還須留意的是，有關合理補償的約定，是離職後一次給付或按月給付？補償金額怎麼算才合理？相關內容可參照《勞基法施行細則》第 7-3 條之認定標準，基本上，計算基數至少得是每個月薪資的一半。如果沒有辦法符合上述要件，則「競業禁止」的約定是無效的。

## · 兼職禁止

現在「斜槓」風氣盛行，員工下班後開設自己的 Podcast、Youtube 頻道、網路電商平台、微商等情況所在多有。我國勞動法規並沒有「兼職禁止」的相關規定，雇主無權對於勞工下班後、工作以外的生活予以控管，這部分主要回歸到私法自治。

不過實務上認為，即使在契約自由原則下，仍應確認禁止兼業的範圍須「未達完全剝奪其工作權及生存權，並符合比例原則與禁止過當原則」。例如：公司主要銷售對象為金融業者，因而要求產品經理須簽署同意書約定「任職期間除向公司報備經核准外，其餘在外之任何兼職銷售或營利投資等均不得從事」，違反者負賠償責任外，其任何投資獲利均歸公司所有。

對此，法院認為，期間（在職期間）及內容（兼職銷售或營利

投資）均訂出限制，且約定違反效果僅負金錢損害賠償責任，並不生受僱人與他人間之契約關係或行為無效效果，故此約定未侵害工作基本權，仍屬有效約款（註28）。

# 外籍員工聘僱

現今企業聘僱外國專業人士的情況愈來愈常見，創業家應注意外國人聘僱有其相關特別法規，除了我國的基本勞動法規、聘僱許可外，還有《就業服務法》、《外國專業人才延攬及僱用法》等規範須予以注意。

例如，當公司錄取的夥伴為外籍專業人員時，除了錄取通知外，還要再代其向主管機關申請聘僱許可函及應聘居留簽證（或可延期之停留簽證），準備應備文件並啟動申請來台工作流程等，也請特別留意申請的作業時間，避免延誤到職時間，或申請後卻無法順利聘用所生的影響（表5）。

| 聘僱外國人之常見問題 | |
|---|---|
| 契約期間<br>何時起算 | 與外國人簽訂僱傭契約之生效日（多為報到日），而與聘僱許可起算時點並不相同。因會影響聘僱期間的計算，須特別留意 |
| 可否簽訂<br>定期契約 | 目前實務上認為，聘僱外國人無論工作有無「繼續性」，均得為「定期契約」，甚至表明「只能」簽署定期契約（參照最高法院 111 年度台上字第 296 號判決） |

表 5　聘僱外國人之常見問題

---

註 28：參照台灣高等法院 92 年度上更（三）字第 118 號判決。

此外，為吸引外國特定專業人才來台工作，亦有「就業金卡」工作簽證申請制度。與聘僱許可不同之處在於，聘僱許可為雇主向主管機關申請，期間最長為 5 年，得展延；而「就業金卡」則為外國特定專業人才自行申請，結合勞動部「工作許可」、外交部「居留簽證」、內政部「外僑居留證」及「重入國許可」，擁有四證合一的特性（參照《外國人才專法》第 9 條規定），也可視需求申請。

| 第 9 章 |

# 勞動關係下的
# 員工管理

關鍵字

**勞工保險、就業保險、全民健康保險、勞工職業災害保險、
公司與商業及有限合夥一站式線上申請作業、勞退新制、
工作規則、獎懲規定、調動五原則、員工請假**

# ★馬克與傑克的創業歷險記★

　　隨著規模逐漸擴大，馬克陸續增聘多位員工，讓團隊更加完整。在財務主管的提醒下，馬克著手辦理公司為勞保投保單位的申請，同時也匯報了人事費用。然而他這才發現，原來不同員工有不同的投保、給付費用。

　　雖然目前員工都認真執行工作，但隨著人員增加，馬克很常遇到員工逐一前來請示工作時間、可否請假、能否在家工作等問題，這不是一個好現象。尤其聽傑克說，原本任職的公司被行政機關勞動檢查，好像還因為沒給正確的加班費、工時紀錄不確實而被處罰。而這些也是馬克沒有落實之處，為了避免受罰，還是得想辦法處理。

前一章從締約階段的勞動關係開始，到勞動契約正式成立，我們詳細討論了幾點注意事項，相信創業家可以了解員工聘僱的議題比想像中要多。接下來，本章即將討論勞動關係成立後，員工的相關管理議題。

# 報到時注意事項

勞動關係成立後，員工在公司的第一個程序為人員報到。以下為報到時須注意的幾項要點：

### · 投保與費用提撥

員工到職後，公司原則上就要為受僱人員投保勞工相關的法定社會保險及費用，包含勞工保險、就業保險、全民健保、勞工職業災害保險、勞工退休金提撥、工資墊償基金提繳。這些也是財務主管所匯報的人事費用當中，除了薪資以外的項目（下頁表6）。

事實上公司在員工到職日當天，必須要為其投保勞工保險、就業保險及勞工職業災害保險。投保的基數，則以員工月薪總額對照投保薪資分級表後的所需投保金額 。

投保方式現行也採「多合一」的便利做法。首先，公司視是否為聘僱 5 人以上的組織，以確認是否為勞工保險的投保單位；接著選擇為「四合一」（勞工保險、就業保險、勞工職業災害保險、全民健康保險）或是「三合一」（就業保險、勞工職業災害保險、全民健康保險），並於勞動部勞工保險局的網站（註29）下載適用的投保單位申請書及加保申報表。

---

註 29：勞動部勞工保險局網站：https://www.bli.gov.tw/0106444.html。

| 社會保險名稱 | 勞工保險 | 就業保險 | 全民健康保險 | 勞工職業災害保險 |
|---|---|---|---|---|
| 法源 | 《勞工保險條例》 | 《就業保險法》 | 《全民健康保險法》 | 《勞工職業災害保險及保護法》 |
| 目的 | 保障勞工生活，促進社會安全 | 提升勞工就業技能，促進就業，保障勞工職業訓練及失業一定期間之基本生活 | 辦理全民健康保險，以提供醫療服務 | 保障遭遇職業災害勞工及其家屬之生活，加強職業災害預防及職業災害勞工重建 |
| 是否強制投保 | 員工（包括外國籍人員）人數超過4人後，公司即可為投保單位 | 勞工為我國人或曾與我國設籍國民結婚而居留，且得在國內工作的外國人、大陸地區人民、香港或澳門居民 | 受僱勞工為我國人或我國領有居留證明之外國人 | 受僱勞工（包括外國籍人員），或另自願投保及特殊加保 |
| 投保日 | 到職日 | 到職日 | 到職3日內 | 到職日 |
| 保費 | 依級距繳納保費計，並依勞工、雇主、政府負擔比例分攤（2：7：1） | 依級距繳納保費計，並依勞工、雇主、政府負擔比例分攤（2：7：1） | 依級距繳納保費計，並依保險對象類別而有不同的負擔比例（公司為3：6：1） | 雇主全額負擔 |
| 2024年3月保險費率 | 11% | 1% | 5.17% | 依行業別適用之職保費率（0.11%～0.85%） |
| 未投保罰則 | 應負擔保險費金額之4倍罰鍰。依給付標準賠償勞工所受損失（《勞工保險條例》第72條第1項） | 應負擔保險費金額10倍罰鍰。依給付標準賠償勞工所受損失（《就業保險法》第38條第1項） | 追繳保險費、應繳納之保險費2倍至4倍罰鍰（《全民健康保險法》第84條第1~2項） | 新台幣2萬至10萬元罰鍰與限期改善（按次處罰），並公布單位及負責人處分內容（《勞工職業災害保險及保護法》第96條及第100條第1項） |

表6 一般受僱勞工、職訓人員之社會保險簡介

填完後，併同檢附各兩份的目的事業主管機關核發之證明文件影本（公司為附上公司設立登記證明文件）及負責人身分證影本，向勞動部勞工保險局提出申請，即可同時成為投保單位並完成加保程序。

如公司辦理設立時，即已確認有受僱人員，也可至經濟部「公司與商業及有限合夥一站式線上申請作業系統」辦理商工設立登記，同時申請成立勞（就、職）保／就（職）保／勞退／健保投保單位，並為員工申請加保。此外，凡公司聘僱適用《勞基法》之員工，就要按員工當月份實際投保薪資總額的萬分之 2.5 繳納工資墊償基金，提供公司於歇業時發生積欠工資、退休金、資遣費或與《勞工退休金條例》相關之資遣費，作為墊償之用（表7）。

| 費用名稱 | 勞工退休金 | 工資墊償基金 |
|---|---|---|
| 法源 | 《勞工退休金條例》 | 《勞基法》、《積欠工資墊償基金提繳及墊償管理辦法》 |
| 目的 | 增進勞工退休生活保障 | 墊付雇主積欠之工資、退休金及資遣費 |
| 提撥對象 | 適用《勞基法》之勞工（含本國籍、外籍配偶、陸港澳地區配偶、永久居留之外籍人士） | |
| 提撥起始日 | 到職日 | 到職日 |
| 提撥率 | 工資 6% | 月投保薪資總額 0.025% |
| 未投保罰則 | 未辦理申報提繳、停繳手續、置備名冊或保存文件，限期未改善者，罰新台幣 2 萬元～10 萬元罰鍰（按月處罰至改正）；法人之代表人或其他從業人員、自然人之代理人或受僱人違反時處該條罰鍰 | 雇主欠繳基金者，除追繳及依本法第 79 條規定處罰鍰外，並自墊付日起計收利息（《積欠工資墊償基金提繳及墊償管理辦法》第 14 條第 2 項） |

表 7　提撥受僱人員費用簡介

另外，自民國 99 年 7 月 1 日起聘用新員工時，均應依《勞工退休金條例》（即《勞退新制》），為適用《勞基法》之員工按月提繳退休金。請特別留意，不論公司是否成為勞工保險的投保單位，公司都需要提撥。

以上所有員工社會保險費及提繳的費用，均由勞保局及健保局每月提供繳款單給公司，公司收到後，除核對繳款單上的計算內容，更別忘了繳納，畢竟違反都有相關的處罰規定。再者，因為會影響員工請領給付的權益，員工也可對公司主張損害賠償，使公司除了面臨行政罰外，還有民事賠償。

同時，我們也要特別提醒各位，如公司忘了提繳勞工退休金或是少繳，公司的負責人也會被另外處罰，這一點還請各位創業家務必放在心上。

## ・創業家能自行投保勞保嗎？

這問題其實非常多人詢問，不論是創業家或受指派的公司董事長，其出發點多是：「我工作也很累呀，跟勞工沒有兩樣，當然也要享有勞工權益。」但只有實際從事勞動的雇主，才能在同一個投保單位參加勞工保險（參照《勞工保險條例》第 8 條第 1 項），如離職退保符合《勞工保險條例》第 58 條規定時，也能請領老年給付（註 30）。

雇主投保勞工保險的投保薪資，原則上須以投保薪資分級表的最高等級申報，如其所得未達最高等級者，可自行舉證並申報調低，但不可低於其屬員工申報的最高投保薪資（參照《勞工保險條例》第 14 條之 2）。

此外，創業家如為實際從事勞動的雇主，也可同時投保勞工職業災害保險（參照《勞工職業災害保險及保護法》第 9 條第 1 項），並可為自己提撥勞工退休金（參照《勞退新制》第 7 條第 2 項）。

不過，如雇主自願加保勞工職業災害保險時，原則上也應投保最高投保薪資等級，例外則為雇主舉證其所得確實較低，才可申報調降投保薪資，但調降結果仍不可低於雇主投保的勞工保險投保薪資及全民健康保險投保金額（參照《勞工職業災害保險及保護法施行細則》第 26 條第 2 項）。

## · 其他留意細節

員工報到程序須留意的其他細節，例如：報到文件、公司後續的薪資發放金額、方式（匯款約定帳戶）、時間、得扣除項目的金額等。單就薪資來說，公司就有符合《勞基法》之工資全額給付，以及提供薪資明細的義務。

不要小看員工報到程序，曾有公司遇員工短暫到職，尚未繳齊文件也還沒提供薪資帳戶，就突然以簡訊向公司提離職，事後也聯繫不上，結果該月發薪日員工亦未出現領取薪資，於是公司因無法付款而不了了之。沒想到日後主管機關勞動檢查時，卻以此認定公司有違反結清薪資的規定，實在冤枉。

所以我們建議在員工報到程序中，除了請員工提供薪資帳戶外，也要併同取得其戶籍地址，當作未來雙方勞動關係間，最後可以有效送達通知或訊息的方式。

---

註 30：勞動部勞工保險局網站：https://www.bli.gov.tw/0020090.html 。

# 勞動關係的管理約定

勞動關係中的管理約定，除了前面提過的工作規則，還有獎懲規範、約定智慧財產權約款、資訊安全規則、營業秘密維護規範等內部規章。在職場管理上，有時公司會因產業所適用的法規，須同步要求員工配合遵守相關規範，例如：製造業強調之職業安全、食品安全管理等。

還有一般勞動法規通則性的規範，也是公司須併同遵守的義務，比如：和「#MeToo」有關的《性別平等工作法》、《性騷擾防治法》（例如：雇主知悉有員工受性騷擾時，應採取立即有效之糾正及補救措施）、《職業安全衛生法》（例如：預防職場不法侵害或霸凌之義務）等。

制定這些規範時，可特別留意《勞基法》的要求，且該義務內容須為員工配合的項目。公司為了能符合法規義務，實際上可透過工作規則來約束，例如：出缺勤紀錄及確認方式、加班申請程序及計算，又或是 COVID-19 疫情時產生的在家工作（Work from Home, WFH）、遠距工作等非至原工作場所提供勞務情況，除了一開始於勞動契約約定保留調整彈性外，亦可藉由工作規則設計直接因應突發性情況，提高公司應變能力，降低事後逐一取得員工同意的時間成本。

## · 內部規章

工作規則（註31）是指，當公司勞工人數達 30 人以上時，就要制定的公司內部規範，內容須載明工時、休息、休假、工資、津貼及獎金、紀律、考勤、請假、獎懲及升遷、受僱、解僱、資遣、離職及退休、災害傷病補償及撫卹、福利措施等事項，且必須報請主管機關核備（未來若有調整亦同），並於公司內公告及印發給勞工（參照《勞基法》第 70 條及其施行細則第 38 條）。

這份工作規則也不是隨便寫寫就算，內容不得違法規定（註32）。如依《勞基法》要求，必須徵得勞方同意、先行報備或核准的事項，都不能訂立在工作規則中，以強渡關山。

此外，在工作規則中的獎懲規範（有時還會連結到員工認股的條件），通常會另外訂立考核績效規定。不過，當考核標準有主觀且較難量化的情形，就可能存有獎懲不公，或涉及《性別平等工作法》、《中高齡者及高齡者就業促進法》等與性別或年齡相關的風險。例如：我們曾處理過員工因請育嬰假少了幾個月的績效，而主張績效獎金分配不公的案例。

因此，對於公司而言，如仍須設定主觀性的標準（例如：是否融入公司文化），則至少要搭配客觀事件及說明文件，以增強合理性，避免被主管機關認定有歧視或違反誠信原則。另外，在制定獎懲時，也要記得不得違反法令，而強制或禁止規定、團體協約內容，也要留意相當性、合理性、誠信原則等，否則會變成無效的約定（註33）。

## · 調職及調動

公司常有更換營業據點、辦公室等情況，如此是否可以要求員工配合調整？這有具體的判斷基準，也就是俗稱的「員工調動工作五原則」（下頁表8），調動的合法性判斷亦明定於《勞基法》第10-1條規定中，請務必留意。

---

註 31：勞動部有提供符合《勞基法》最低標準規定的工作規則參考範本，可參照勞動部網站：
　　　　https://www.mol.gov.tw/1607/28162/28166/28236/28238/30536/post。
註 32：指雇主或有法人資格之雇主團體，與依工會法成立之工會，以約定勞動關係及相關
　　　　事項為目的所簽訂之書面契約（參照《團體協約法》）。
註 33：參照最高法院 103 年度台上字第 1158 號判決。

| 員工調動工作五原則 |
| --- |
| **原則一** 基於企業經營上所必須，且不得有不當動機及目的。但法律另有規定者，從其規定。 |
| **原則二** 對勞工之工資及其他勞動條件，未作不利之變更。 |
| **原則三** 調動後工作為勞工體能及技術可勝任。 |
| **原則四** 調動工作地點過遠，雇主應予以必要之協助。 |
| **原則五** 考量勞工及其家庭之生活利益。 |

表 8　員工調動判定標準

## ・ 員工請假問題

　　公司常碰到員工請假問題，很多都是有哪些假別、日數、怎麼請假及是否可以要求證明文件等。這些細節性的規定，可參照《勞基法》第 43 條及第 50 條，或《勞工請假規則》中，關於請假的假別及期間、程序、是否支薪等最低要求。

　　請各位創業家留意，如果員工遇有婚、喪、疾病或其他正當事由時，是有權利向公司提出請假，且公司對於員工請假的要求並沒有准駁的權限（註 34），而是有權檢視員工是否依法及內部請假規則完成請假手續（此為員工請假時履行程序上的義務），如員工未依程序辦理請假手續，即使有請假的正當理由，公司仍得以曠職處理（註 35）。

註 34：參照台灣高等法院台中分院 99 年度勞上易字第 32 號判決。
註 35：參照最高法院 97 年度台上字第 13 號判決。

## | 第 10 章 |

# 勞動關係的
# 結束及問題

**離職、資遣、解僱最後手段性、績效改善計畫、**
**保密協議、離職訪談、服務證明書、非自願離職、派遣、轉掛**

# ★馬克與傑克的創業歷險記★

隨著公司計畫朝不同的市場發展，馬克增聘了研發工程師班恩。沒想到，班恩到職沒多久，馬克就發現班恩的工作狀況及表現和預期有所落差，不僅上班常不見人影，還常拖延交付程式碼，影響整體專案時程。更有同事發現，班恩似乎在複製公司其他部門的資料檔案。

甚至有一天，傑克面有難色地來找馬克，告知他無意間看到班恩桌上放著一張自己成立新公司的名片。馬克心想：「是時候必須要好好處理這個問題了。」

勞動關係的結束，勞資雙方都可能是發動者，例如：由公司發動的資遣、懲戒解僱，或由員工提起之自願離職（須向雇主預告離職）、因故辭職（無須向雇主預告離職），抑或雙方合意終止。

　　創業家們多能理解員工的勞動關係是「繼續性」的，公司原則上不能隨意終止，除非符合《勞基法》上的法定資遣或解僱事由（參照《勞基法》第 11 條、第 12 條）。同時，資遣時應為預告期間及給予資遣費、依法通報等資遣程序，方得合法終止勞動契約。至於實際操作該怎麼做？讓我們繼續看下去。

# 對員工的不利處分：減薪、降職、解僱

　　對於創業家來說，相信這是個棘手的議題。大原則是，解僱是最嚴格的處分手段，因此循著解僱的「最後手段性」考量，此操作也適用於減薪、降職等較輕微的處分。當然，隨著公司規模逐漸擴大，這些都可以明文設計於工作規則中，以利遵循。

　　什麼是「最後手段性」？實務上常碰到讓雇主傷透腦筋的，就是同仁因能力不足而無法勝任工作，即便這確實是《勞基法》的法定資遣事由之一：勞工對於所擔任之工作確不能勝任。但請注意，這非常容易引起糾紛，甚至員工會主張工作權被剝奪，處理上務必謹慎，建議搭配合適之評量及改善措施，例如：績效改善計畫（Performance Improvement Plan, PIP）及紀錄，確認已給予員工改善機會仍無法勝任，此時解僱已經是最後不得不的方法，這就是所謂的「最後手段性」。

　　另一種情況是員工在具有可歸責事由時所予以的解僱，那就是「懲罰性解僱」，此常見因嚴重違反工作規則或勞動契約。公司除了要在知其事由之日起 30 日內終止勞動契約外，仍要符合情節重大

的條件（參照《勞基法》第 12 條第 1 項第 4 款）。對此，實務上亦以是否符合解僱的「最後手段性」原則來判斷，因此操作上會以員工違規行為態樣、初次或累次、故意或過失違規、對雇主所造成的危險或損失、勞雇間關係之緊密程度與到職時間之久暫等，進行綜合考量（參照最高法院 103 年度台上字第 1816 號判決）。

還有一種常見的情況是，公司基於工作可順利交接或縮短人力替補的過渡期，而事先與員工約定若是離職，必須更早於《勞基法》要求的預告期間。但我們從「《勞基法》是最低規範要求及標準」就可以知道，這樣的約定已屬於加重勞工責任，是無效的約定。

員工的離職（終止勞動契約）是單方行為，很多公司希望留人，但到最後變相以員工「沒有完成交接工作」或「沒有簽署離職保密承諾書」而主張離職無效，這都是錯誤的作法。關於交接義務未完成，公司只能事後另為求償；而員工對於離職保密聲明，亦無義務配合簽署。

縝密的作法，是在職期間就做好員工及資料管理，特別是將離職時的交接義務和保密承諾事項設計在勞動契約中（操作和前面介紹的「競業禁止」條款相同），避免這類事件發生而徒增公司困擾。

# 員工離職注意事項

勞動契約終止時，除了要有確認的解僱、辭職或合意終止的事由外，員工如請求公司發給「服務證明書」時（無論是解僱、辭職還是合意終止），公司不得拒絕（參照《勞基法》第 19 條規定），否則有可能會面臨新台幣 2 萬元以上 30 萬元以下罰鍰。

另外，當員工因《勞基法》第 11 條、第 13 條但書、第 14 條或第 20 條規定各款任一事由離職時（註 36），因《就業服務法》規

定，得以原任職公司或直轄市、縣（市）主管機關發給離職證明文件（非自願離職證明，註 37），以此請領失業給付。因此，員工可能會要求公司開立非自願離職證明，以符合請領失業給付的規定。

當員工是自請離職時，公司切勿依員工需求開立此份文件，實務上曾發生，公司負責人因此遭認定與該員工共同詐領失業給付，成立詐欺罪的案例（註 38）。

另外，當發生非自願離職事由而終止勞動契約時，公司應執行以下事項：

1. **契約終止日前 10 日通報**：列冊通報當地主管機關及公立就業服務機構。如遇天災、事變或其他不可抗力的情況，公司可於員工離職的 3 日內通報（參照《就業服務法》第 33 條）。

2. **預告期間**：公司須依員工年資，預先通知員工終止勞動契約的日期（參照《勞基法》第 16 條第 1 項），但公司也可透過提供期間工資（以平均工資計算）的方式，免除提前預告的義務。

3. **提供員工謀職假**：員工在預告期間內，可為了另找工作請假，一週最多有 2 日給薪的謀職假（參照《勞基法》第 16 條第 2 項）。

4. **給付員工資遣費**：於終止勞動契約（約定的員工最後上班日）後的 30 日內核發資遣費給員工。資遣費的計算方法，有《勞基法》舊制、《勞退新制》的區別（只有資深勞工會橫跨新

---

註 36：其他非自願離職事由，請參照勞動部勞工保險局網站：https://www.bli.gov.tw/0017271.html。

註 37：如有取得有困難者，得經公立就業服務機構之同意，以書面釋明理由代替。參照《就業服務法》第 25 條第 3 項規定。

註 38：參照台灣高等法院 102 年度上易字第 536 號判決。

舊制計算，目前實務上多使用《勞退新制》）。依《勞基法》第 17 條第 1 項舊制規定，工作每滿一年發給一個月平均工資，剩餘月數則以比例計給；依《勞退新制》第 12 條第 1 項規定，工作年資每滿一年發給 1／2 個月平均工資，未滿一年則以比例計給。平均工資依《勞基法》第 2 條第 4 款規定，是指「計算事由發生之當日前 6 個月內所得工資總額除以該期間之總日數所得之金額」。簡單來說，就是須給予勞工於資遣日前 6 個月內之平均所得。

看了上述員工非自願離職時的公司應執行事項後，有些人可能會誤會：「是否只要當天決定資遣並給付預告期間的工資，就可以叫員工明天不用來了？」請特別注意，勞動部明確告知，要依《就業服務法》規定，於勞工離職 10 日前向當地主管機關及公立就業服務機構辦理資遣通報（註 39），因為兩者的立法規範目的及內容不同。當然，在此前提還是要建立在公司有合法資遣員工的事由。

回到本章問題，研發工程師班恩基本上有 3 個問題：工作能力不佳、竊取公司資產嫌疑、兼職。就兼職部分，如果公司和班恩沒有契約限制，就不涉及違法或違約。以此次事件而言，最多就是懷疑班恩可能竊取公司機密，用於自己事業。

然而，竊取公司資產可能涉及工商洩密（參照《刑法》第 317 條）、違反《營業秘密法》，但目前馬克並沒有掌握班恩的明確證據，若要以此作為解僱事由，也需要契約有此規定。因此建議，公司應盡速更新工作規範、資安規範及員工守則等，以作為發動的合法手段；同時，仍要持續蒐集客觀證據，切勿打草驚蛇。最後，可以思考用「員工不能勝任工作」為由解僱，但仍請注意本章所提到的「最後手段性」原則。

# 勞動關係不宜迴避規範

勞動關係中，雇主應遵循的規範繁多，因此曾有創業家詢問：「是否可以乾脆和員工簽署部分工時勞動契約、承攬契約，甚至改以派遣方式，以迴避遵法義務呢？」

首先，關於部分工時仍應受《勞基法》保障，同時，勞動部也訂有「僱用部分時間工作勞工應行注意事項」。另就承攬及派遣部分，也應以實際情況檢視是否存在勞動關係。因此，僅改變契約形式（轉掛），仍對於該員工有面試、實際上指揮監督等適用勞動關係之情形，同樣會被視為存在勞動關係（參照本書第 6 章）。

此外，縱使派遣員工之實際勞動契約關係存在於其與派遣公司之間，但《勞基法》仍規範要派公司應於派遣公司積欠工資時，應派遣員工之要求先行給付，也同時要求派遣員工如發生職業災害時，要派公司應與派遣公司負連帶補償及連帶賠償責任，因此公司並無法透過派遣方式，直接免除《勞基法》之遵法義務。

透過委外或外包勞務提供的方式，對於新創公司而言，是過渡期常見的現象，但仍存有上述風險，甚至在公司研發成果的保護上，恐有外洩的危機，因此還是以正規員工為妥。

從勞動關係開始到結束的注意事項繁多，我們建議在事前諮詢相關專業人士，除了可有效避免常見的勞資爭議產生，降低公司管理上的困擾，甚至還能處理坊間「求職蟑螂」的個案。

至於，在個別事件處理上（像本章的解僱案例），務必先將證據彙整完成，並先諮詢專業人士，在確認具合法性的前提下明快處理，同時也請注意，被解僱的員工在心有不甘的情況下，可能會對

---

註 39：參照行政院勞工委員會勞職業字第 0970078793 號函釋。

公司進行違反勞動法規的檢舉，這都是公司需要注意及思考的成本問題。

總之，公司的勞動議題及相關《勞基法》須遵守事項，都請務必留意。

最後，留住優秀的員工以維持公司競爭力，也是創業家必須時刻思考的議題。除了最直接的提升薪資待遇，近年來，新創團隊多會以股份作為激勵的工具，詳細操作方式及留意事項，下一章我們會帶各位探討。休息一下，我們繼續上路打怪。

# | 第 11 章 |

# 員工
# 獎酬與激勵

關鍵字

股權激勵、ESOP、庫藏股、買回庫藏股給員工、
員工認股權憑證、員工酬勞、發行新股員工認購、限制員工權利新股、
贈與、員工期權池、緩課

# ★馬克與傑克的創業歷險記★

　　公司開了幾年後，營運逐漸上了軌道，雖然競爭力還是無法跟大公司相比，但馬克開始思考，該如何讓陪他一起打天下的幾位員工有更好的待遇，像是給予公司股份，讓他們對公司更有向心力。然而，他也擔心，給了員工股份後，他們會不會轉手就把股份賣了，導致公司的股東結構變得複雜？

如何留住優秀的員工，是創業家永遠的課題。最直接的做法就是提高薪資、增加「向薪力」，但企業經營成本也會相對增加。對於新創公司而言，現金往往是最缺乏的，所以近年來我們看到很多公司會考慮給予員工股份，作為激勵的工具。此作法優點不少，一方面能控制直接金流支出，一方面也讓員工成為公司股東，增加凝聚力。然而，相關爭議也不少，如何妥適操作，就是一門學問了。

　　這裡要先界定的是，所謂的「員工激勵機制」（或稱「員工獎酬機制」），是在員工有所表現後，公司給員工的回饋，或吸引優秀員工續留的工具，是一種資格或權利。因此，這不是技術股（技術出資），技術出資是等價交換，兩者概念不同，不可混為一談。

　　本章我們要談的核心概念是，如何提供給員工股權作為激勵，也可稱為「員工入股計畫」，實務通泛地稱之為 ESOP，但此縮寫實際上可能指「員工股票選擇計畫」（Employee Stock Option Plan）或是「員工持股計畫」（Employee Stock Ownership Plan），二者內容有所差異。為避免造成混淆（註40），我們在此先定義ESOP：公司藉由讓員工取得股份，增加員工向心力，與公司共存共榮的制度。

　　一般而言，以股權設計的員工激勵機制，《公司法》中明定的工具有：買回庫藏股給員工、員工認股權憑證、員工酬勞、發行新股員工認購、限制員工權利新股（下頁圖6）。

　　本章後續，就以我國大部分公司適用的非公開發行股份有限公司型態來介紹。如果是公開發行公司，請記得注意其他法規（例如：《證券交易法》）。而有限公司因為沒有股份，也不適用前述的股

---

註40：ESOP 這個縮寫其實還包括了 Employee Stock Option Plan，這是讓員工取得股份範圍較小的期權型態做法，以及可讓員工持有股份範圍較廣的 Employee Stock Ownership Plan。

份獎酬制度，即使有員工酬勞（可發與股票或現金）規定之準用規範，但依經濟部解釋，也只能給現金酬勞（註41）。實際上，有限公司多由創辦人將自有出資額以有償或贈與方式給員工。

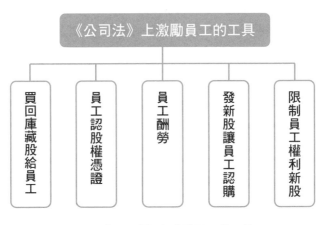

圖 6 《公司法》上激勵員工的工具

# 員工股份獎酬五大機制

## ・ 機制 1：員工庫藏股

　　庫藏股（Treasury Stock）指的是，公司用自有資金買回自身已發行流通在外的股份，不過在公司持有這些股份的期間，公司不能享有股東權利。要留意到，公司原則上不能買回自己股份（因為會減損了股份流通的意義），只有在符合法令事由時可執行，像是以盈餘或發行新股的股款收回特別股、3 年內轉讓予員工的庫藏股（參照《公司法》第 167 條第 1 項）等。

　　如果股票已在證券交易所上市或於證券商營業處所買賣之公司，則另外有《證券交易法》第 28 條之 2 可買回股票的規定。但

不論是否為公開發行公司，可以買回股份為庫藏股的情況，都包括了轉讓給員工的事由。

### 買回庫藏股注意事項

當公司依《公司法》前述規定買回股份（特別股也可以）轉讓給員工時，需要在 3 年內依一定條件價格（通常是較低之價格）轉讓給公司員工，讓員工也成為公司的股東，或是在未來可自由處分股份出售後，享有價差利潤。

這裡提到的一定價格條件，屬於公司的自治事項，非公開發行公司可無償轉讓（贈與）庫藏股予員工（註 42），若是公開發行公司則否。公司可限制員工在一定期間內（最長兩年）不得轉讓（參照《公司法》第 167-3 條），這也是創業家須關注的。

在執行程序上，公司須經過董事會特別決議，決定該次買回之股數、價格及買回之對象。而在市場上或向特定人買回的庫藏股數量也有限制（不得超過已發行股份總數 5%），且收買股份的總金額，不得超過公司以下兩個會計帳上科目的加總金額（註 43）：

1. **保留盈餘科目**：法定盈餘公積、特別盈餘公積及未分配盈餘。

2. **資本公積科目**：其中超過票面金額發行股票所得的溢額及受領贈與的所得，也就是已實現的資本公積總額。此外，前面有提到，這個庫藏股必須在購回後 3 年內轉讓於員工，否則將被視為公司未發行股份，並應減資變更登記。

---

註 41：參照經濟部 104 年 6 月 11 日經商字第 10402413890 號函釋：「⋯⋯有限公司發放員工酬勞時，僅得以現金為之。」且《公司法》於 107 年修法後，已刪除原第 235 條之 1 第 5 項：「本條規定，於有限公司準用之。」

註 42：參照經濟部研商《公司法》疑義會議紀錄（民國 100 年 12 月 30 日）針對非公開發行股票之公司依《公司法》買回之庫藏股，公司得否決議以無償方式轉讓予員工之會商結論。

註 43：參照經濟部 90 年 3 月 14 日商字第 09102050200 號令。

採行員工庫藏股的優點

1. 公司沒有增加新的股份數，因此可避免既有股東的公司股權被稀釋，造成原股權結構產生變化。

2. 可對於員工所拿到的股份直接加入轉讓的限制（可限制員工最多兩年內不得轉讓），增加員工留任的可能性。

3. 轉讓對象可以只針對「特定員工」（這很重要）。相較於公司一般發行新股時，依法要保留固定比例給全體員工認購，員工庫藏股能讓公司選擇「特定員工」作為激勵對象，對於創業家而言更能靈活運用。

而此工具對於公司稅務上來說，會以股份公允價值認列為勞務成本，歸入公司營所稅中之薪資費用；且從員工角度來看，會以股份是否設有限制轉讓期間為斷，以股份交付日或可處分日的時價超過員工認購價格的差額，認定為員工個人於《所得稅法》規定的其他所得，必須進行申報。

## · 機制 2：員工認股權憑證

認股權憑證（Stock Option，也是常聽到的認股選擇權、認股權），指的是公司和員工透過簽署認股權契約，約定員工得依約定價格認股（注意：如公司的股份採票面金額制，則約定價格不可低於票面金額，參照《公司法》第 140 條第 1 項，註 44；如果是無票面金額制，因為沒有面額則無此限制），透過發給認股權憑證，讓員工可在未來一定期間，用該價格認股，不受外部股價漲（跌）影響購買股份價格。

對於員工而言，便可藉此價差操作，賣出獲利。舉例來說，A公司與員工約定未來 3 年內，可以每股新台幣 15 元價格認購一萬股公司股份，假設在第三年時，公司股價行情已漲到每股 30 元，員

工還是可用 15 元的低價取得，此中間的價差便有獲利空間。簡而言之，在未來公司價值及股份價格高於約定價格時，員工可行使並獲利，如此可激勵員工用心工作，一同提升公司價值。在執行上，公司除可直接於章程規定外，也可透過董事會特別決議，與員工簽訂認股權契約，並發給員工認股權憑證。

但這項工具有以下要注意：

首先，員工不能將該認股權憑證轉讓（繼承除外）（參照《公司法》第 167-2 條第 1、2 項）。畢竟，公司願以較低金額或票面金額作為誘因，就是希望員工和公司同舟共濟，因此，《公司法》才會規定認股權在轉換為股票前不可轉讓。但是，員工行使權利而取得股份後，就沒有前述禁止轉讓的限制了；也就是說，此時公司不可再限制員工轉讓（這和上述庫藏股不同）。

實務上，公司如果希望能延長控制的期間，可考慮以分時段賦予員工認股權利的方式進行，像是定額計畫（Fixed Value Plans）、定數計畫（Fixed Number Plans）、付與計畫（Mega-grant Plans），或依據附加的服務條件或績效條件等靈活運用（註 45）。

員工依約認購時，公司須準備對應股數以實現認股憑證的約定；而公司準備的股份來源，依據經濟部函釋說明，須以辦理現金增資發行的股票支應（參照經濟部 91 年 1 月 24 日商字第 09102004470 號函釋，只不過這樣的限制其實並未見於《公司法》規定中），這縮減了以庫藏股執行的空間。在現行以新股執行的限

---

註 44：採行票面金額股之公司，其股票之發行價格，不得低於票面金額。但公開發行股票之公司，證券主管機關另有規定者，不在此限。

註 45：定額計畫為將認股權分成幾年行使，每年僅得行使一定金額比例之股份；定數計畫為將認股權分成幾年行使，每年僅得行使取得一定數量比例之股份；付與計畫則是在最初一年付與全部的認股權。

制下，當公司在採用認股憑證時，對於執行期間的約定，可搭配統一的時程，例如：一年中統一開放員工執行到期認股憑證的時間，以方便公司行政作業的實行。

此外，公司可於申報營利事業所得稅時，將員工認股權憑證發行的成本費用，核實分列為公司各年度之薪資支出（參照財政部93 年 4 月 30 日台財稅字第 0930451437 號令），但仍須留意，員工認股後取得的股權時價超過認股價格的差額，屬於員工所得，因此要向國稅局申報，並將免扣繳憑單填發予員工，操作較為複雜；從員工角度來看，員工執行該認股權利時，因員工認股的優惠價格多會低於執行權利日股票的時價，這部分價差一樣會被認為是員工的其他所得，同樣須依法課徵所得稅。

## · 機制 3：員工分紅入股

在給員工的酬勞上，公司也可以用股份的方式進行，這就是「員工分紅入股」（Employee Stock Bonus, ESB），此在《公司法》第 235 條之 1 有規定。簡單來說，公司在當年度有獲利時，原則上應依獲利的狀況，以定額或比率分派給員工酬勞，當成獎勵。

這裡所指的酬勞（講白話就是獎金），可以是股票或現金，認定方式則以會計師查核簽證之財務報表為準（資本額未達中央主管機關目前所定之一定數額新台幣 3,000 萬元以上者，則以董事會決議編造之財務報表為準），至於前述的比率訂定，可用固定數（例如：2%）、一定區間（例如：2%～ 10%）或下限（例如：2%以上、不低於 2%）任一種明定於章程的方式為之（註 46）。

但此性質實際是藉由員工過去工作表現所給予的獎勵，間接提升人員未來的留任意願。須注意的是，員工分紅入股制度依法須分派予所有員工，而無法僅分派給「特定員工」，這和發行新股時保留由員工先行認購的制度是一樣的。

此工具在操作程序上，應由董事會特別決議通過，並報告股東會。而執行的股份來源，可在同一次的董事會決議以發行新股，或以收買自己已發行股份（老股）方式支應。但針對老股的取得來源，經濟部特別指出，不可用《公司法》或其他法令上規定的庫藏股作為發放員工酬勞的股份（例如：如果是先前公司為操作員工庫藏股而先收買的股份，或是公司買回的特別股，都不可拿來作為發放酬勞股份的來源，註47）。同樣地，如果公司要發給股票或現金酬勞給符合一定條件的員工，也要在章程中規定。

由於員工分紅是基於公司過去盈餘所做的無償獎勵，和本章其他工具期待的公司未來發展不同，且員工無償取得，加上是直接取得股票，而公司亦不能限制其轉讓期間，這對員工來說獎勵效果大；但員工取得後也可能馬上離職，反之對於公司而言，留任人才的效果是比較間接的。此外，這部分對於員工的課稅，則被認定為薪資所得（以交付股票日依股票時價計算為該員工的薪資所得）。

## ・機制 4：發行新股之員工認購權

公司發行新股時，依《公司法》第 267 條第 1 項規定，原則上公司「應」保留發行新股總數 10%～ 15% 由員工承購。同時，公司依法可限制員工在一定期間（最多兩年）內不得轉讓，避免員工即期賣出套利，失去強化向心力的目的。

要提醒的是，這項工具在實務上使用不頻繁的原因在於，公司該次增資發行新股的認購價格，即使能低於市價，但因為公司發行新股的原則是「同次發行價格要相同」（參照《公司法》第 156 條第 4 項），員工不僅要花錢買，且在認購價格的優惠（最多就是低

---

註 46：參照經濟部 104 年 6 月 11 日經商字第 10402413890 號函釋。
註 47：參照經濟部 108 年 1 月 21 日經商字第 10802400650 號函釋。

於市場行情）並不明顯，吸引力較低，也較少見於公司在各輪募資時實際執行（多半是保留了比例給員工認購，但員工並未認足，而之後公司再洽特定人承購）。

另外，有關課稅議題，則以股票可處分日、股票時價超過員工認購股票價格之差額部分，核屬《所得稅法》規定之其他所得。

## · 機制 5：限制員工權利新股

限制員工權利新股制度出現於《公司法》之初，是先施行於公開發行公司，其架構和常聽到國外公司發行「限制性股票」（Restricted Stock Awards, RSA，註 48）較為相似。《公司法》後續於民國 107 年修法放寬，所有的股份有限公司都可依《公司法》第267 條第 9 項規定，發給員工的新股可附加績效條件或服務條件等限制（Vesting Condition），在條件達成前，其股份權利受到限制。要留意的是，上述的限制條件要透過股東會特別決議，門檻較高。

另外，只有公開發行公司可用無償或低於面額的價格，發行限制員工權利新股予員工，非公開發行公司仍會受到發行價格不得低於票面金額規定的限制（註 49），且即使是無票面金額股，基於資本充實原則（註 50），無票面金額股股份之發行價格不得為零，故限制員工權利新股之認購價格亦不得為零元（註 51），也不能夠以贈與的做法執行。

關於課稅部分，公司於既得期間內（即既得條件達成期間）分年列報薪資費用；員工則依可處分日（既得條件達成日）股票的時價超過認購價格（可能為零）之差額部分，認列為其他所得，課徵綜所稅。

# 員工期權池與股份授與

實務上還有一種「員工期權池」（Option Pool），此為國外常見的激勵員工制度。一般理解的期權池，指的是提供給員工未來認股需求而保留的股票部分，但「員工期權池」對應到我國來說，對於非公開發行公司尚無類似的法規制度。目前有以創業家自行代持等方式實行，不過創業家、投資人間就這部分的約定必須相當細緻，請特別留意。

另一項這幾年也常聽到的「股份授與」（Stock Vesting），其基本涵義是公司與員工約定，依約定的既得期程（Vesting Schedule），隨著時間推進，分次取得約定總數之股份，藉此達到公司留人的目標。這樣的做法在國外相當盛行，大致上常見約定時間為 4 年，並搭配一年的門檻（One-year Cliff）作為員工取得任何股份的最短時點。假如員工在一年內離職，則無法取得任何股份；任職滿一年以後的約定期間內，才能陸續取得股份。

舉例而言，A 公司約定給員工以 4 年取得 2 萬 4,000 股搭配一個一年的門檻，且後續每月執行條件為仍在職。如員工任職滿一年後，即可取得 6,000 股，若繼續任職則可每月取得 500 股；相反地，如果不在職了，就清算了結，也無法取得後續剩餘的股份。在這樣的基本概念下，股份授與除了以時間為設定外，也可設定里程碑（例如：完成特定項目或達到某項業務目標），或混合時間及里程

---

註 48：公司在授與日即給予股票，但員工要符合既定條件，才可取得股份所有權及完整股東權益，如未達前離職，公司有權收回或買回股票。雖然員工在限制期間不得轉讓、設質或處分股票，但仍擁有配股、表決等股東權利。
註 49：參照經濟部 108 年 10 月 1 日經商字第 10802421980 號函釋。
註 50：資本充實原則：強調的是公司應維持至少相當於公司資本額的財產，以保護公司債權人及維持股東的平等。
註 51：參照經濟部 109 年 4 月 8 日經商字第 10902014360 號函釋。

碑的型態設計。

　　股份授與雖非我國《公司法》明文採行的制度，其操作精神仍可透過契約或調整現行《公司法》上的制度加以實現，但因涉及稅務及執行方式，建議與專業人員討論，以免讓原先的美意大打折扣。當然，實務上也可能會有給予員工「乾股」（虛擬股）的情況，然而，「乾股」並不是實際的股份，《公司法》對此並無相關定義，在執行上容易產生爭議。對於「乾股」的介紹，可參閱本書第 3 章。

# 給員工股權非唯一激勵作法

　　綜合上述介紹，透過給予股份的員工激勵制度，從創辦人或公司的角度處理皆各有其特性，建議創業家及公司諮詢專業人士後，就個案尋求最妥適的運用。同時要留意的是，有些創業家會將自己的老股轉讓給員工，作為員工激勵工具，並同時約定員工達成特定條件（例如：在職年資或指定績效標準）時，才執行約定贈與的老股數量。

　　但是這樣的做法，除了會讓創業家遇到核課贈與稅的稅務代價、相關費用無法認列為公司費用外，重點在於此舉亦稀釋了創業家本身的持股比例。如果未經事前準備及評估（例如：一開始實行時，創業家即已保留一定比例的股份），貿然贈與老股，對於創業家而言不是適宜的作法。因此，員工激勵制度如果能從公司角度來操作，會比較理想。

　　另外，關於稅務方面，非公開發行股份有限公司之創業家可以留意「公司有無發行股票」。發行股票與否，影響股份交易時所得課稅之核課方式。如果交易的是沒有發行股票的股份，則屬於賣出股份者的財產交易所得，將被課徵個人綜合所得稅；相反地，如公

司有發行股票，則屬於賣出股票者的證券交易所得，此時非屬所得稅中的財產交易所得，但自民國110年1月1日起，出售股票者就此交易所得，須依所得基本稅額條例規定，計入個人基本所得稅額（表9）。

最後提醒的是，員工激勵制度原依文義，應可直觀認為僅有員工可適用，唯近期經濟部對於《公司法》第235條之1函釋（註53），針對「員工」二字解釋：除董事、監察人的身分非屬員工外，其餘人員是否屬員工，應由公司自行認定。倘若公司董事兼任員工時，可基於員工身分受員工酬勞之分派，但是否均適用於全數《公司法》中的員工激勵制度，仍有待觀察。

| 課徵稅目<br><br>股票發行方式 | | 證券<br>交易稅 | 所得稅 | | 基本稅額 |
|---|---|---|---|---|---|
| | | | 財產交易<br>所得 | 證券交易<br>所得 | |
| 實體發行 | 印製股票並經銀行簽證（《公司法》第162條）交易客體為股票屬有價證券 | V | X | 停徵<br><br>民國105年1月1日起 | V<br>（個人出售所得自民國110年1月1日起計入） |
| 無實體發行 | 未印製股票但經證券集中保管事業機構登錄股份（《公司法》第161條之2）交易客體為股票屬有價證券 | V | X | 停徵<br><br>民國105年1月1日起 | V<br>（個人出售所得自民國110年1月1日起計入） |
| 未簽證亦未登錄<br>交易客體為股權非屬有價證券 | | X | V | X | X |

表9 買賣未上市、未上櫃及非屬興櫃之股票課稅情形（註52）

激勵條件不該是為給而給，畢竟股份是創業家最珍貴的資產。換言之，給予股份絕對不是唯一的激勵作法，即使是薪資調整，也可以補上分紅抽成、獎金等機制，讓公司保留彈性。給予員工股權目的，是在於激勵員工，而最有效的激勵，最終還是要能變成現金，不然就是看得到、吃不到。

---

註 52：資料來源：財政部中區國稅局 111 年 11 月 29 日舉辦 111 年度稅務座談會提案三之回應說明。

註 53：參照經濟部 110 年 1 月 18 日經商字第 10900116680 號函釋。

# PART 3

## 守護公司寶藏——智慧財產權

▶市場上競爭者眾多，剽竊及抄襲問題層出不窮。創業家要如何在有限的資源中，建立護城河，保護公司關鍵的創新價值，便是創業路上的一大課題。

## |第 12 章|

# 智慧財產權
# 布局思維

關鍵字

**商業模式、專利、商標、著作權、**
**營業秘密、創新、抄襲、侵權**

# ★馬克與傑克的創業歷險記★

　　馬克和傑克創業所生產的智慧寵物餵食器，兼具了社群 App 與連網監控寵物健康的功能，產品的構想為用戶利用 App 控制智慧餵食器，上頭會記錄並顯示寵物的生理與健康資訊，還會提供餵食分析及改善建議方案，用戶只要從 App 或機身設定，即可執行自動及智慧餵食工作。同時，還能將這些資訊透過 App 及社群和網友們分享交流，還可以連結寵物飼料廠商，訂閱及訂購飼料，一站式的服務模式，讓用戶對於寵物的照顧更省心。

　　但由於兩人在產品生產上，皆無相關的製造資源及關係，所以經友人介紹認識了在台中的餵食器製造工廠。對方表示有能力直接用現有產品改良，開發出他們所需要的智慧寵物餵食器。但馬克和傑克卻擔心：「這樣我們的創意會不會被廠商抄襲？」

創新是企業生存的關鍵，而新創團隊最豐沛的就是創意。然而，市場上競爭者眾，剽竊與抄襲事件層出不窮，創業家要如何在有限的資源中建立護城河，並保護公司關鍵性的創新價值，便是一大課題。

我們觀察到，今日多數新創團隊都有保護智慧結晶的概念，這是很好的現象，但仍有一些普遍迷思尚待釐清，像是「什麼都要申請專利」這件事。可能源於「專利＝金錢」給人的憧憬，也多少來自於投資市場喜以（也習以）專利評價一家公司的創新能力及價值所致。然而，公司的創作成果，絕對不是只能透過專利保護。請注意，專利只是智慧財產權（中國大陸稱為知識產權，也就是 Intellectual Property Right, IP 或 IPR）的一種態樣，除了專利外，還包括著作權、商標，以及近年來被高度重視的營業秘密，其個別的規範與效用都不相同，但卻同樣重要（下頁表 10）。

本章我們即以公司（包含新創團隊）如何適當地使用智慧財產權，保護自身優勢，同時善用 IP，帶領創業家從維護公司競爭優勢的角度，確認核心價值，再了解如何建構智慧財產權保護，並在下一章認識架構 IP 保護策略的方式及作法。

## IP保護 Step 1 　找出核心價值

新創團隊最缺乏的往往是資金，因此要如何在有限資金下做出最有價值的保護，是一門複雜的學問。此根本議題，在於公司要先釐清核心價值。我們通常提供團隊的思考方向為：

### 1. 公司的創意或創新是什麼？

說白話點，也就是公司所推出的商品或服務是做什麼的？解決了市場的哪些問題與痛點？

| 保護類型 | 著作權 | 商標 | 專利 | 營業秘密 |
|---|---|---|---|---|
| 權利保障範圍 | ·著作財產權：重製權、改作權、編輯權、出租權、散布權、公開播送權、公開傳輸權、公開口述權（語文著作）、公開上映權（視聽著作）、公開演出權（語文、音樂或戲劇、舞蹈著作、現場表演）、公開展示權（未發行之美術著作或攝影著作）<br>·著作人格權：公開發表權、姓名表示權、禁止不當修改權 | 以行銷為目的，用於商品或其包裝容器、持有、陳列、販賣、輸出或輸入；用於與提供服務有關之物品；用於與商品或服務有關之商業文書或廣告，足以使相關消費者認識其為商標 | 製造、為販賣之要約、販賣、使用或為上述目的而進口該物 | 合法取得、使用、保密 |
| 受保護標的 | 語文著作、音樂著作、戲劇、舞蹈著作、美術著作、攝影著作、圖形著作、視聽著作、錄音著作、建築著作、電腦程式著作 | 商標、證明標章、團體標章、產地標示等 | 裝置／方法／外觀設計（例如：機械結構、生產技術） | 不限，商業性及技術性資訊皆可 |
| 註冊與否 | 否 | 是 | 是 | 否 |
| 基本要素 | 原創性（原始性＋創作性） | 識別性 | 新穎性<br>進步性（創作性）<br>產業上可利用 | 機密性<br>商業價值<br>合理保密措施 |
| 保護期限 | 著作人生存期間，並外加 50 年（各國規定略異） | 10 年，經合法延展後可無限期（每次10年） | 新型 10 年<br>設計 15 年<br>發明 20 年 | 至公開為止 |
| 侵權責任 | 民事、刑事 | 民事、刑事 | 民事 | 民事、刑事 |
| 行政救濟 | X | V | V | X |

表 10 我國智慧財產權比較

## 2. 為什麼比別人好？

很多商業競爭力分析工具，像是 SWOT 分析（註54）、創業九宮格（註55）、安索夫矩陣（Ansoff Matrix，註56），都能協助釐清自家產品或服務所處的市場位置。只要找到產品能解決市場的什麼痛點、又是如何競爭，即找到了定位，最後得出來的結論，就是公司的核心競爭力所在。也就是說：公司透過滿足消費者需求、為客戶解決問題，同時創造出市場拉力及開拓營收，便是公司營運的核心價值命脈，這自然就有其保護的必要，並須將資金用在刀口上，且逐步擴張保護圈（圖7）。

```
┌─────────────────────────────────────────┐
│   Step 1：先找出公司的核心價值              │
└─────────────────────────────────────────┘
                    ↓
┌─────────────────────────────────────────┐
│   Step 2：針對核心價值取得適合的智慧財產權    │
└─────────────────────────────────────────┘
                    ↓
┌─────────────────────────────────────────┐
│   Step 3：採取保護 IP 措施的時間點           │
└─────────────────────────────────────────┘
                    ↓
┌─────────────────────────────────────────┐
│   Step 4：確認適合的權利後，接著要掌握權利的產生及歸屬 │
└─────────────────────────────────────────┘
```

圖 7　IP 保護規畫 4 步驟

註 54：SWOT 分析是優勢（Strength）、劣勢（Weakness）、機會（Opportunity）與威脅（Threat）。
註 55：為一種商業模式分析架構，分析要素包括：通路、客群區隔、關鍵活動、收益流、關鍵合作夥伴、關鍵資源、成本結構、顧客關係和價值主張。
註 56：為一種分析產品與市場間關係，或規畫產品進入市場時的策略分析方式。

舉個例子，「軟體即服務」（Software as a Service, SAAS）在 10 年前不易想像，但現在卻是常見的商業模式。特別是結合了人工智慧（Artificial Intelligence, AI）功能後，各大廠商無不以訂閱制作為營收來源，甚至微軟 Office 的華麗轉身，更是轉敗為勝的案例，反而傳統的單機版、下載版軟體已較為少見。

　　然而，SAAS 商業模式本身並沒有專屬性及局限性，大家都能提供這樣的服務，但產品實質內容是否為友善及優化的設計，才是決勝的重點。因此，公司產品若只強調 SAAS、訂閱制，不足以成為核心關鍵，甚至也無法透過法律獲得保護。但換個情境來看：產品若是 SAAS 服務本體，服務設計、友善介面比其他產品優化，這就是勝出的關鍵，也就是核心價值，亦值得保護。

　　找出核心價值，絕對是團隊創業路上的必繳作業。特別是當公司研究過現行及潛在市場後，找到了痛點、釐清了客戶的真實需求，才能進而發想、形塑出創新的產品。所以一旦成功推出市場，如果不給予適當的保護，反而讓競爭對手有機可乘，將會是一件非常可惜的事情。

　　以馬克和傑克的創業為例，他們觀察到毛小孩的消費市場仍存在廣大的需求，雖然他們本身並非這個業界的 Player（市場主導者），無法在設備、通路、品牌等取得優勢，不過他們找到的利基市場（Niche Market），來自於部分消費者希望能有更高端、量身打造且更方便使用的寵物餵食設備，尤其還能跟其他使用者分享自己心愛的萌寵，又能結合智慧行動裝置方便操作，也因此，綜合上述可知，他們的產品核心價值就是：提供一個便利智慧兼具的使用情境，用戶只須利用 App，就能控制智慧餵食器，不但方便監控、餵食，還能掌握寵物的健康狀況，亦可將相關數據資訊和心得與其他使用者分享。事實上雖其本質仍以寵物照顧為主，但比起一般市售餵食器卻更聰明，且更便利於消費者使用。

## IP保護 Step 2　取得智慧財產權

　　找出公司商品或服務的核心價值後，接著就是得在有限資源中，規畫妥適的保護方式。我們要先有個基礎的認知：「一個單純的靈感或點子，是無法受到法律保護的。」也就是說，抽象的思想或概念不屬於法律保護的標的，而無相應法律規範的權利與義務，很難發揮對他人主張權利或防禦的效果。所以，如何讓核心價值取得法律的保護，就是重點了。

　　至於該怎麼著手？首先要了解的是，我們一開始所提到的智慧財產權類別。不同種類各有獨立的法規，要從這些類別中，選擇適合、務實、有效的權利。請注意，我們會提到務實的原因，在於該如何以妥適成本達到最大保護效益，而不是要團隊一味地砸錢在產品保護或布局上，這不僅不實際（錢要花在刀口上），甚至效果也值得商榷。

　　拉回主題，以下將從常見的創新類型，也就是功能和設計面向，佐以商品及服務內容進行討論。隨著產業的不同，也會有強調功能面的創新，或設計及其他體驗上的創新。

### ・ 功能的創新

　　創新，緣起於解決現行市場上商品及服務的問題，解決方式又有實體和非實體的差別。在非實體部分，最常見的是商業模式，包括教學方法、商業手段、金融科技服務模式（FinTech），又比如說，這幾年流行的共享經濟與專業媒合的概念。

非實體面創新保護方式

　　此時，就出現了一個團隊必問的問題：「請問商業模式可以申請專利嗎？」我國的智財權主管機關——經濟部智慧財產局所說明的「不予專利」標的中，就包含了商業方法（模式）。因此，單

純以商業方法（例如：一種以專業人士媒合服務的概念）、遊戲玩法、教學模式等申請專利，是會碰壁的。

講白了，各位可以發現目前流行的 App 操作模式及使用邏輯、遊戲玩法等，彼此間可以找到相同點，不論是幾年前國外爆紅的 Clubhouse，國內業者就跟著推出 FAM，還是百度百科對上維基百科，甚至抖音爆紅後，其短影音模式也被 Youtube、臉書參考而推出 Shorts 與 Reels，以及各種藉由 Open AI 等基礎技術衍生而出的助理式商業服務，都是大家很熟悉的例子，所以單純的商業模式無法取得法律保護。但有沒有什麼間接保護的做法呢？有的，實務上最常見的方式，就是從商業模式所附著的軟體程式下手。

關於電腦軟體程式，各國的趨勢都是採放寬態度，讓其受專利保護，我國也是。特別是電腦軟體還能結合終端硬體設備的情況，這都可能屬於利用自然法則的技術思想創作，可作為申請專利之標的（詳細說明可參照《現行專利審查基準彙編》第 2 篇第 12 章〈電腦軟體相關發明〉）。舉例來說，知名的反查電話號碼 App「Whoscall」，其背後的操作邏輯及連動數據資料庫的做法，就有發明專利的保護，理由在於，軟體的發明結合硬體（智慧型手機）的運用。

另外，關於軟體程式本身，還可直接以著作權保護（電腦程式著作），但這保護的只有程式碼（Source Code，包括原始碼及目的碼等），因此，未經同意複製他人的電腦軟體程式碼，就是侵害著作權的行為，但用不同程式語言重寫程式、開發一樣功能的電腦軟體程式，則不違法。

所以，在上述傑克和馬克的例子中，所謂「用戶利用 App 控制餵食器，選擇該 App 平台上推薦的寵物飼料配方或菜單選項，並透過 App 連接，用戶只要在 App 或機身設定，即可一鍵式執行餵食」，

這就是一種商業模式，單以此並不足以受到法律保護。

他們必須往下思考運行的流程：App 連接後台伺服器→取得資料庫配方清單→用戶選擇清單中的配方→將指令透過伺服器傳給另一端的智慧餵食器→智慧餵食器接收指令→依指令餵食並接收寵物飲食後資訊→完成後回傳資訊到伺服器→伺服器回傳到 App。而讓這些指令完成的作法，便有可能循著上述專利的途徑進行保護。當然，該軟體程式寫出後，本身也是有著作權的。

### 實體面創新保護方式

如果是材料、設備或產品等實體功能的創新，例如攜帶型的空氣清淨機，這種功能面向的創新，就非常適合以專利（發明專利、新型專利）來保護。而且，專利的申請，並不以提交實際的產品或原型樣品（Prototype）為必要，只要有足夠明確的技術論述（《專利法》稱為「技術特徵」）、設計藍圖或實驗樣品（Mockup）即可。這類的議題，有興趣者可以到國內外各個群眾募資平台上，看看提案人對於他們產品、服務的說明，也都會提到 IP 保護，相信創業家們會有更深的體會。

看到這裡你也許會想：「著作權、營業秘密可以幫上什麼忙呢？」關於著作權，我們要理解一個很重要的概念：著作權只保護表達，而不保護思想，所以像是音樂歌曲、詩詞、小說等，創作者透過音符、文字表達其情感及創意，這樣的表達很具體，就適合著作權保護；但像 App 的功能，這已經偏向思想、概念的層次，著作權就力有未逮了。

至於營業秘密，則因為其秘密性的要件，適合用在「關起門的 Know-how」等不對外揭露、不易被還原工程的商業機密上，例如，產品成本明細及報價策略、產品生產的製程與參數等，而營業秘密跟專利更常為互補（下頁圖8），妥適規畫可得到更大效果。

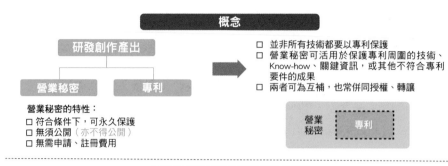

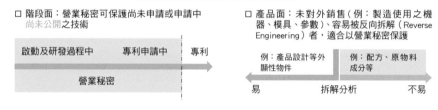

圖 8　專利及營業秘密的互補關係

　　所以，傑克和馬克的 App 連結智慧餵食器，除了專利以外，該智慧餵食器的元件組成、設計圖、製造成本結構、通路布局、銷售數據及財務資訊，甚至所產出的專屬配方及菜單等，這些重要的商業或技術資訊，也都可以透過營業秘密取得保護。

　　這些智慧財產權的特性及要件等更細部介紹，我們放在下一章，值得各位花些時間了解。

### ・ 設計的創新

　　接著，是關於設計或外觀的創新或創意。這類創新多強調的是視覺（Vision）的突破或巧思，適合運用的智慧財產權則為著作權、商標（包括立體商標，像是可口可樂曲線瓶）、設計專利等。

　　很多文創設計商品都會尋求此模式予以保護。但請注意，在著作權領域裡，所謂的美術著作（美術工藝品）傳統上認為須以手

工、人工方式完成（像是手工花瓶），如果是開模大量生產的工業產品，智財局認為並不受到著作權保護。

不過，近年來也有一些實務判決回歸到美感的角度，只要能有美術、藝術等感受，還是能夠受到著作權保護，這樣的見解也值得我們觀察。至於設計專利的部分，實務上運用的案例也非常多，尤其是汽車、電子設備等業者，像是美商蘋果公司（Apple）很早就開始將其智慧型手機、平板、耳機等 3C 產品的外觀，透過設計專利予以保護。但也請注意，這裡既然說的是造型或外觀的創新，設計專利是不可以連結到功能的，否則申請是無法通過的。

### ・ 其他的創新

如果團隊現階段是市場上的跟隨者，僅透過更低的成本，模仿現行商品或服務，以行銷為切入，是否就不用在意 IP 議題呢？這可以從風險控制及創造差異化的價值來探討。

首先，是關於風險控制。我們建議先了解市場上既有業者，手中握有之商品或服務是否已有 IP 的護城河，藉以釐清是否有被控侵權的風險（有時更涉及刑事責任）。

如果沒有上述情況或「法律風險」時，好的模仿有助創新。畢卡索有句經典名言：「好的藝術家是用抄的，天才藝術家是用偷的。」（Good artists copy, great artists steal.）我們在創作過程中很難只靠憑空想像，想法不會橫空出世，多是累積先前案例的仔細觀察，進一步的創新及區隔改良，才是重點。

舉例來說：數位隨身聽並非全新的商品，但 Apple 及設計公司 IDEO（設計出第一個 Apple 滑鼠的公司，官網上標示「Creating the First Usable Mouse」）發現既有商品不順手的缺陷，於是設計出取消實體按鍵，改以轉盤式操控搭配大螢幕的 iPod，造就了數位音樂革命，進而帶動 iPhone 手機的出現，顛覆人們的生活習慣。

然而，不論模仿或借鑑都只是開端，不能總是複製，且商品或服務也有生命週期，成本與獲利也因此而有所消長。單純的複製，會陷入成本的競爭，一旦有成本更低的競爭者加入（例如：掌握供應鏈資源的大公司），就可能遭到市場淘汰。透過模仿重點，了解其背後的原理，將其解構及重組，而非直接套用，同時亦須逐漸創造出差異化價值，才是永續經營之道。

　　在傑克和馬克的案例中，由於他們是智慧餵食器產品的後進者，在跨入市場之前，更要做好功課，先了解產業中的領先者是否已有類似的產品或設計，避免踩到紅線，可能因侵權而遭到求償，讓自己的努力付諸流水。

## ・別忘了品牌保護

　　識別營業或交易過程中，為了指示商品或服務的來源，並和他人所提供的有所區隔，因此品牌相當適合以商標進行保護。商標採「先註冊先保護」的規則，所以不論商品或服務的名稱，甚至公司名稱，最好及早以商標註冊保護。我國商標申請的費用實惠低廉，取得商標後可持續累積價值，有利而無害。

　　像是馬克和傑克的案例，如果他們的智慧餵食器在市場取得成功，那其他既有品牌的餵食器製造廠商也會跟進，並推出類似服務，此時，該如何讓消費者區別產品，商標就扮演著非常重要的角色。因此，團隊應該在第一時間就先想好一個響亮的名稱，並取得商標註冊（甚至包括跨國市場的布局），持續累積品牌價值。

## IP保護 Step 3　初始發展期著手

　　商品及服務皆有生命週期，當了解前述保護概念之後，企業又應該在商品的導入期、成長期、成熟期或衰退時期，各採取哪些保

護措施呢？

　　從維護 IP 權利的角度來看，商品、服務或品牌到成熟期再談保護已無太大意義，特別是技術或商品一旦公開，便因失去新穎性而無法再以專利保護（另請注意「優惠期」制度）；對於品牌來說，更可能因一開始未註冊商標權，而被他人註冊或早有他人註冊的情況（俗稱「搶註」）。像星宇航空當初成立並大張旗鼓宣傳時，就曾發生商標被某旅行社搶先註冊的爭議，額外耗費更多成本處理。

　　千萬不要認為自己的事業初創，便輕忽了智慧財產權的重要性，務必從初始發展階段就著手 IP 的保護。這樣的思考流程，我們也透過下圖（圖 9）作個簡單的整理。

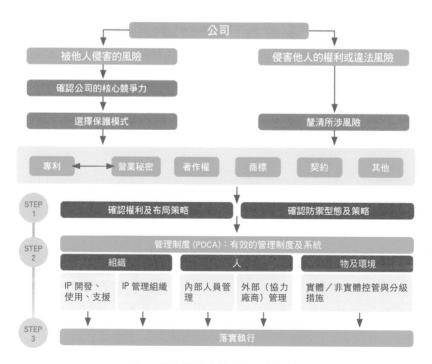

圖 9　核心競爭力的思考分析架構

## IP保護 Step 4　認識權利的產生及歸屬

保護 IP 的方式，首先要從這些權利的產生與歸屬議題開始談起，並分成公司內部及外部切入。

內部談的是員工職務上的創作，外部談的是委外（協力廠商、合作夥伴）的創作，廣義還包括共同開發等。以下我們即用常見的著作權、專利、營業秘密、商標來介紹。

### ・著作權

關於員工職務上的創作，公司享有著作財產權，而員工保有著作人格權，但如果雙方契約另有約定，則從其約定（《著作權法》第 11 條）。這樣的規定不難理解，公司支付員工薪資，換取員工工作上成果的使用權，因此對於職務創作，公司本可直接使用，不用再徵求員工的同意；甚至，實務上也有很多公司會直接和員工約定，工作成果的著作權（包括了著作人格權和著作財產權）直接屬於公司，一勞永逸地避免權利認定的爭議。

請留意，這些約定都務必事先為之，因為在著作完成後，著作人格權就已經確定且不能轉讓、變更，此時，只能退而求其次，以約定不行使著作人格權或其他約定方式處理。

至於員工非職務上的創作，除非公司與員工另有約定，否則回到《著作權法》的原則：創作人（員工）在完成創作時，就擁有完整權利。而這裡的職務要從實質認定，並不是以單純的時間、物理環境為限。例如：員工將工作帶回家加班完成或在家工作，這些也仍然是職務上的創作；但如果員工是私下接案、請假接案，因為並不在雇主指派工作範圍內，實務上認為屬於非職務上創作，相關權利就屬於員工所有。

另外，也有些較困難認定的問題，像是員工在工作過程中，觀

察現有產品問題而自行發想、改良創作的著作權認定，若這要直接認定是職務上完成的著作，是會有爭議的，建議雙方在事前先加以約定，避免之後的爭論。

至於委託外部第三人創作，例如公司請廣告工作室設計活動海報、文案，如果對於權利未約定，則權利仍歸於受聘人（廣告工作室），因其才是實際的創作者，但出資人（業主）得於合作契約範圍內使用該著作，這是一種法定授權的型態。一般來說，仍建議直接以契約約定創作成果的著作權屬於出資方的公司。

而在馬克和傑克的案例中，他們的 App 軟體程式其實是需要他人協助，如果是委外開發的話，即務必要和該開發者事先約定好 App 程式的著作權歸屬，避免開發者在執行完案子後，再將此程式授權或提供給其他廠商使用。

## ・ 專利及營業秘密

專利要申請通過才能取得權利。因此，員工職務上的發明（新型專利或設計專利亦同），如果沒有特別約定，依法該專利的申請權及通過後的專利權都屬於公司，但公司應同時支付給員工適當的報酬。

不過，這個報酬金額在個案操作上曾產生爭議。日本就曾有一個知名的「日亞化發明專利酬金」的訴訟案例：當時全球最著名的發光二極體（Light-emitting Diode, LED）製造商日亞化學工業株式會社（Nichia Corp.）只願給研發產品的工程師 2 萬日圓酬金，工程師一怒之下告上法院，沒想到法院認定該發明非常有價值，酬金判定為兩百億日圓，導致雙方對此爭論甚久。我們建議，關於公司內部鼓勵發明及獎勵機制，可以及早制定及公布，讓員工依此遵循，減少事後爭論的可能性。不過，這裡的報酬支付與否，涉及的是契約上的責任，倒不影響上述權利的歸屬。

接著，如果是員工非職務上（職務認定同上）的發明，基於尊重發明人，則專利申請權及專利權都屬於該員工，不過《專利法》和《營業秘密法》在這裡有一個比較細緻的規定：員工創作如果使用公司的資源或經驗（例如實驗室、資料庫），公司有權支付合理報酬後，使用（實施）該創作。同時，為了避免爭議，員工有書面通知公司的義務。針對員工非職務上完成的發明、新型或設計，請特別留意，公司不可以用契約限制員工的權利。

補充一點，上述的報酬支付與否並不影響專利權利的歸屬，但公司在未支付報酬而直接使用這些創作成果時，員工可依法起訴求償。至於，如果是受聘者（委外研發），原則上依雙方約定，如果沒有約定的話，則該發明屬於發明人、新型創作人或設計人，但出資人得實施其發明、新型或設計，這都和《著作權法》的架構相同。而《營業秘密法》和《專利法》的規定，基本上也一樣。

最後聊一下「共同研發」，務必事先講好權利歸屬，且發明重點在於實質研發，如果只是掛名，後續都有被舉發的風險。

我們回來看馬克和傑克的例子。他們提出了 App 結合智慧餵食器的構想，但實際上，兩人並沒有具體開發的經驗，只好與餵食器製造廠商合作。由於產品實際是由廠商執行研發，廠商依法可取得著作權、專利申請權、專利權，如果馬克和傑克想要保有此 IP 權利，務必在合作前，以契約約定好 IP 歸屬於團隊，而不是廠商，甚至實質共同投入研發，都是比較理想的方式。

- **商標**

　　關於商標，前面已提過其作用及功能，像是表彰商品或服務的來源與出處，亦兼具品質保證及廣告宣傳功能，環環相扣下，可為公司帶來競爭力，也是重要的無形資產。商標創作在法規上並無特別規定，可回歸到圖案等設計行為，依著作權的權利歸屬處理。

馬克和傑克在開發餵食器時，不論是自己開發或委外開發，都需要確認公司享有 IP 權利，特別是將此產品定位為公司的核心命脈時，更是重要。

　　而我國對於智慧財產權的轉讓及授權，只要當事人合意就生效，其中，商標跟專利的讓與或授權登記都只是對抗要件，加上目前研發的合作方式繁雜，像是馬克和傑克後續如經評估要與外面廠商合作生產，或是當創業家遇到與他人「共同研發」的技術時（我們曾處理過外部製造廠將技術提供者的技術說是自己的技術，進而申請專利後回頭控訴提供者的案例），往往就很難單靠法規而有完整的處理。

　　因此，為避免爭議（像是權利被移轉到第三人），站在創業家（公司）角度，不管如何，都希望能在初始就約定權利屬於公司（下頁表 11），避免夜長夢多。而這樣的作法也已經是愈來愈常見的手段，千萬不要認為只簽保密協議就夠了。最後，在這些權利妥適安排下，因為員工並未取得這些權利，所以也不用煩惱技術入股的議題。

| 情況 ＼ 智財權類型 | | | | 著作權 | | 專利權 | 營業秘密 |
|---|---|---|---|---|---|---|---|
| 權利人 | 自行開發或創作 | | | 由開發或創作人擁有 | | | |
| | 受雇人開發或創作 | 契約約定 | | 依契約約定 | | | |
| | | 契約未約定 | 職務上研究或開發 | 著作人 | 受僱人 | 僱用人 ※注意：僱用人應支付受僱人適當報酬 | 僱用人 |
| | | | | 著作財產權人 | 僱用人 | | |
| | | | 非職務上研究或開發 | 著作人 | 受僱人 | 受僱人 ※注意：如利用僱用人資源或經驗者，僱用人得於支付合理報酬後實施專利 | 受僱人 ※注意：如利用僱用人的資源或經驗者，僱用人得於支付合理報酬後使用 |
| | | | | 著作財產權人 | 受僱人 | | |
| | 出資聘請他人開發或創作 | 契約約定 | | 著作人 | 依契約約定 | 依契約約定 | |
| | | | | 著作財產權人 | 依契約約定 ※注意：如約定著作財產權歸受聘人享有時，出資人得利用 | | |
| | | 契約未約定 | | 著作人 | 受聘人 | 受聘人 ※注意：出資人得實施專利 | 受聘人 ※注意：出資人得於業務上使用 |
| | | | | 著作財產權人 | 受聘人 ※注意：著作財產權歸受聘人享有者，出資人得利用 | | |

表 11　智慧財產權的權利歸屬說

# | 第 13 章 |

# 智慧財產權
# 保護與管理策略

關鍵字

營業秘密、商標、專利、保密措施、台灣智慧財產管理制度、
智財管理措施、PDCA、廠商管理、估值、鑑價、
收益法、市場法、成本法

# ★馬克與傑克的創業歷險記★

　　馬克和傑克在製造廠商的協助下，透過馬克開發的程式及傑克的設計圖，製造商利用現有產品改良出 App 結合智慧餵食器的雛形，而馬克和傑克打算在這項商品印上佩特智能公司的品牌 Logo，不過佩特智能公司的品牌 Logo，一開始只是馬克請朋友畫的圖，沒有註冊商標。但馬克看好這項新商品的市場，因此想趕快推出，但也想保護這項商品在市場上的領先性，他到底該如何取捨？又該如何透過智慧財產權保護商品呢？

透過前一章從維護公司的競爭優勢角度，確認了核心價值 IP 及其對應的權利保護。而 IP 不但能為公司帶來價值，更是公司保有競爭力及獲利的來源。為此，對外設立保護盾及維護保護盾的有效性，便是架構完整智慧財產權策略的一環，如此才可從公司設立那天起，有效地保護公司 IP。這裡我們就來聊聊 IP 的保護管理作法。

# 認識智慧財產權

關於我國的智慧財產權，最重要的有：著作權、專利、商標、營業秘密、電路布局權及品種權。我們在上一章有談過幾個常見的主要 IP：著作權、專利權、商標權、營業秘密，其各自的保護面向有所不同，但非絕對互斥，創業家應該要有綜合且完整的思維，對於每個 IP 的權利要件及特性必須有所了解，才能建構出最完整的產品保護策略。

首先，在權利取得階段，不同的智慧財產權類型有不同的要件，從（下頁表 12）中，我們可以了解取得各種 IP 權利的要件。可留意的是，像是專利權及商標權之取得，除了要具備實質要件外，還需要向智財局申請註冊，並通過其相關審查程序（編按：專利中的新型專利不需要實質審查）。

不過，也因為經過申請審查的註冊流程，相當於擁有政府的背書，對於權利取得與否原則較沒有疑問（但要提醒的是：商標可能因構成一些法定原因，經評定、異議成立後撤銷商標註冊，或構成廢止原因而遭廢止；專利則可能因舉發成立而使專利權全部或部分自始不存在）。

至於，不須註冊取得的權利，像是著作權及營業秘密，則要注意著作權要保存好相關創作紀錄，一旦要主張權利時，才能迅速及

有效舉證。至於此處的記錄方式，並無法定的要求或限制，往來信件、發表紀錄等，都是實務上會採認的證據。

比較複雜的議題在於營業秘密，這也是各國近年來最重視的智慧財產權議題之一。基本上，我國《營業秘密法》規定，所謂營業秘密指的是：方法、技術、製程、配方、程式、設計，或其他可用於生產、銷售或經營之資訊，且符合非一般涉及該類資訊之人所知

| IP 類型 | 受保護標的 | 須註冊與否 | 基本要素／要件 |
|---|---|---|---|
| 著作權 | 語文著作、音樂著作、戲劇、舞蹈著作、美術著作、攝影著作、圖形著作、視聽著作、錄音著作、建築著作、電腦程式著作 | 否（我國採創作保護主義） | 原創性（原始性＋創作性） |
| 商標 | 商標、證明標章、團體標章、產地標示等 | 是，採實質審查 | 識別性 |
| 專利 | 發明專利：利用自然法則之技術思想之創作（對物或對方法的發明） | 是，採實質審查 | ・新穎性<br>・進步性（創作性）<br>・產業上可利用性 |
| | 新型專利：利用自然法則之技術思想，對物品之形狀、構造或組合之創作 | 是，採形式審查 | |
| | 設計專利：對物品之全部或部分之形狀、花紋、色彩或其結合，透過視覺訴求之創作 | 是，採實質審查 | |
| 營業秘密 | 不限，商業性及技術性資訊機密皆可 | 否 | ・秘密性<br>・經濟性<br>・合理保密措施 |

表 12 主要 IP 之權利取得要件

者（秘密性）、因其秘密性而具有實際或潛在之經濟價值者（經濟性）、所有人已採取合理之保密措施者（保密措施）等三大要件。

同時，營業秘密也隨著數位科技的進步及網際網路興起，使得資訊更容易儲存、接觸及傳播，而增加揭露或遭侵害的風險，因此，常見創業家們詢問關於營業秘密的保護。

儘管營業秘密最大的優勢是「保護得好，權利是沒有期間的限制」，等於是永久保護，但不論在營業秘密的爭議或其保護措施中，我們皆觀察到，保密措施往往是營業秘密能否成功主張權利的關鍵，且必須留意到的是，合理保密措施務必及早建立與執行，一旦發生商業間諜事件、侵害營業秘密行為，法院認定是否可主張權利的判斷時機點是「侵權行為（侵害行為）的當下」，無法透過事後補救來回溯、舉證曾建立合理保密措施。

因此整體來說，在營業秘密權利取得階段，仍建議從三大要件著手執行及因應（下頁圖 10）。操作上，從組織、人、物理管理等面向執行。此外，我們也提醒創業家，勿認為公司所有內部資料「因為未公開、為公司所用，且均要求員工保密」，就符合《營業秘密法》上的權利要件，因而輕視了此營業秘密權利取得及保護的議題。

看到這裡，創業家可能存有「不屬於營業秘密的內部資訊該如何保護」的疑問，實務上多認為，保密協議範圍較營業秘密廣泛，不論是否具有營業秘密價值，只要以保密約款拘束，就不得擅自對外洩漏（私法自治），但相關侵害及權利的認定，舉證責任應由原告負擔，由此可見保密約款是基本要做的。

關於營業秘密還有一點要提醒的是，營業秘密雖然有很強的法律效果及對應的法律責任，但它保護的畢竟是「關起門來的技術」。實務上，如果是公開流通到市場的產品，通常就不適合用營業秘密加以保護（司法實務認為，以此逆向工程而處於可被還原狀

態之技術，不受營業秘密保護）。當然，很多廠商會另外以契約方式去管理，至少契約責任也是一種效果。

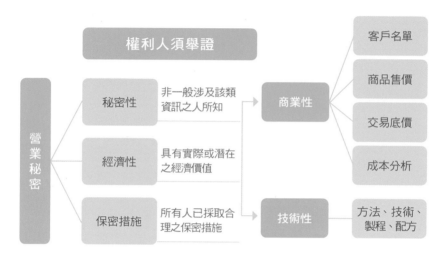

圖 10　營業秘密要件分析及介紹

## ・營業秘密和專利保護的取捨

　　請注意，申請專利時，首先須面對的即是專利說明書所要求的揭露問題。專利說明書必須明確且充分揭露該申請專利客體（例如：技術特徵及實施手段），使該領域中的通常知識者能了解且可據以實施。在申請階段與須揭露的情況，與營業秘密的秘密性看似完全牴觸，因此常有創業家詢問：「就公司內部的關鍵優勢，要以營業秘密保護，還是藉由專利方式進行？」

　　針對兩者具有排他性的權利，首先建議從理解兩者的差異開始。除以上介紹的要件不同外，右表（表 13）更方便創業家們認識兩者的差異。

再者，創業家可思考就想要保護的內容，不妨從其本質（經濟價值、產品週期、市場情況等）、保護層面、救濟方式、成本等因素判斷。逐一了解自身定位及產業情況、該智慧財產內容的價值、

| 比較項目 | 專利權 | 營業秘密 |
|---|---|---|
| 保護期間 | ・發明專利自申請日起 20 年（醫藥品或農藥品，符合延長條件下，可再申請延長，最多不超過 5 年）<br>・新型專利自申請日起 10 年<br>・設計專利自申請日起 15 年 | 無期間限制 |
| 保護地域 | 限註冊申請國 | 不限，但視各國相關規定 |
| 他人以合法手段開發出相同技術時之保護效力 | 可主張權利 | 無法主張 |
| 質權及強制執行之標的 | 可 | 不可 |
| 違反時有無刑事責任 | 無（我國已經將專利侵權除罪化） | 有。《營業秘密法》規定：<br>＊第 13 條之 1：最低 5 年以下有期徒刑或拘役，且得附帶新台幣（下同）100 萬以上 1,000 萬元以下罰金。犯罪所得之利益超過罰金最多額時，罰金得加重至 3 倍<br>＊第 13 條之 2（涉及外國者）：1 年以上 10 年以下有期徒刑，且得附帶 300 萬元以上 5,000 萬元以下之罰金。犯罪所得之利益超過罰金最多額時，罰金得加重 2 ～ 10 倍 |
| 法人是否併同受罰（罰金） | 無 | 有 |

表 13　專利權及營業秘密比較

時效性、被複製或還原的難易度、取得及維護成本，選擇最適合的保護方式。

如果適用的產業有快速更迭的週期性特質，或容易被還原，占得時效排他權利的專利，或許可以因此取得先機；如果是具有關鍵技術的特質，較不受時間性影響者，營業秘密保護或許更能達成此效益目的。

最後，可以再留意的是，專利權及營業秘密還是有併同存在的可能。由於申請專利時所要求的專利說明書，於我國《專利法》上並未要求必須鉅細靡遺地寫出每個技術細項內容，只要通常知識者可據以實現即可。因此，可從揭露的內容及程度著手，例如：將製程申請為專利，但更核心的關鍵技術（執行參數、操作數據）以營業秘密方式保護；或試著只讓部分技術申請專利，其餘核心內容以營業秘密保護。當然，這些擴大保護工具的使用方式，還是依個案及專業人員操作。

# 智慧財產權的保護管理

IP 實際上為公司的資產，有時也是公司的重要競爭力；相反地，有時也會成為競爭對手的攻擊武器。因此，近年來，企業及創業家們也逐漸了解 IP 的重要性，開始陸續建置 IP 管理制度，以達到保護研發技術成果、維持新能量及競爭優勢，並以此作為提高企業獲利的來源。

我國目前推行的台灣智慧財產管理制度（Taiwan Intellectual Property Management System, TIPS），即為 IP 管理制度的一項選擇。創業家可結合公司營運目標與研發資源的智慧財產策略，導入自身適用的 IP 管理系統，建置符合台灣智慧財產管理制度管理規範之體

系，保護公司 IP，預先管理 IP 風險及技術領先的地位。

在智慧財產管理制度中，有一項環節為 IP 保護。提到 IP 保護措施，是否想起前面提到的營業秘密保護要件呢？公司核心價值的 IP 產生後，將 Know-how 知識建構在各種技術中，競爭者即使破解，也是知其然不知其所以然，即使複製也僅限於現有的技術（甚至只是破片化的技術片段），而無法預測到公司的下一步。也就是說，公司仍然能持續保持創新的領先。

此外，在公司營運期間，如採取授權方式為營利來源，或是許多對於公司有價值的文件產出（例如：銷售分析、商品型錄、廣告等），也有可能是與他公司合作期間取得對方的 IP 資料等，這些都有基於維權或避免侵權的保護必要，因此我們要知道 IP 被竊取的風險源在哪裡。

實際上，風險源可概分為：內部員工、外部同業或競爭對手，甚至投資人等。從這些角度出發，可以看出除了前述法規賦予的權利保護措施，或是採以軟硬體的保護措施，同時亦須從制度上，至少以保密協議、合作規範等文件保護，對於潛在合作對象（包括潛在投資人）於揭露資訊前簽署保密協議，對於公司內部管理措施從聘僱契約、工作守則約定相關保密規範，並對應到員工洩密的處罰責任（像是《勞基法》第 12 條的解僱事由等），予以預先的警惕，以建立保護網（下頁圖 11）。

甚至，這在營業秘密的議題上更為重要，如果沒有妥善的保護，事後即使要控訴競爭者的竊取行為，也可能因此敗訴，相信這樣的風險絕非公司所樂見。

講了那麼多，接著我們就從以下幾個面向簡介 IP 保護方式，多管齊下，以求完整的保護效果。

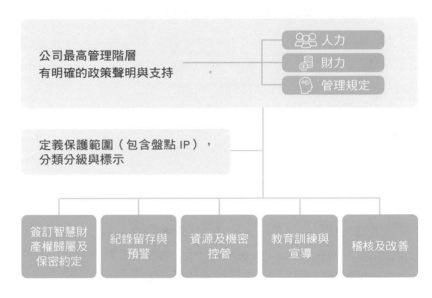

圖 11　IP 保護架構

## ‧ 組織面向（組織管理）

簡單來說，就是建立起管理組織及制度政策，展現對智財管理制度的領導重視與承諾。其中，包含了幾點核心事項：建立、實施、維持其智財管理制度，並持續改善其有效性，也就是「PDCA方法論」（Plan ／計畫、Do ／執行、Check ／檢查、Act ／行動），長久下來，便可形塑出公司重視智慧財產權的印象，並將這些事項制定成具體規範予以發布，再依此執行。透過建置有效的管理組織，向內外部宣示公司重視 IP 保護的決心。

## ‧ 人的面向（人員及廠商管理）

人員可說是管理上最困難的地方，也可說是最大的風險源。我們從員工任職的幾個階段來介紹：

### 進公司時

簽署保密協議、智慧財產權約定書等，並要求其遵守員工守則，由於此時尚未能確定業務範圍及能力所及，可先約定一般性保密義務。

### 在職中

若該名員工參與公司重要計畫，建議另簽保密協議，要求不得透露該特定計畫內容及進度，且計畫結束後應返還，不得擅自留存資訊等。同時，如有職務上調動，也要注意更新保密協議並盤點 IP 持有狀況，以利有明確任職紀錄、職掌範圍及員工掌握的 IP。

### 人員離職時

如已有風聲知悉該人員有異動規畫，建議先了解其實際原因（特別是有負面情緒或不滿者），若仍提出離職，由於此屬於員工的工作自由，至少要清點營業秘密及要求返還資產，完成工作交接。同時，請員工簽署保密協議或保密切結聲明。

當然，這時最令人頭痛的就是員工不配合簽署（文件簽署無法強制，也不得因此認定離職無效、扣薪或不發給服務證明），為避免這樣的情況發生，我們才會建議創業家們，最好一開始在勞動契約或員工守則明定，員工離職時應完成職務交接及簽署保密協議，如此至少有依據可要求其執行。

但這件事如果沒做，事後亡羊補牢的方法是：在該個案中明確告知應保守哪些特定機密項目（不用講到內容面），如果事後有竊取，則容易建構其主觀上有故意的狀態。接著，是公司本身對於該離職員工應明確且即時斷絕其公務帳號及存取權限。

同樣地，在廠商管理上，除一般理解的上、下游廠商外，還有研發及管理的委外廠商。對於廠商也要做到基礎的保密義務，甚至

有談判籌碼，可要求不得代工、符合公司採行的智慧財產管理制度等義務，並接受公司相關稽核等。

### · 文件物品與環境管理面向

制定文件管理程序的書面方針，像是機密資訊管理辦法（禁止寄出、拷貝及影印、履行檔案登記制度、領用文件檔案程序、電子郵件、通訊管理辦法公告）等。至於文件管理措施，應定義機密標的、機密等級、進行標示、管理方式（例如：上鎖或保管於限制區域、判斷特定人員是否有知悉必要、限制僅特定人有資料內容存取權限、建立限制文件存取或登錄方針、規定返還程序），並採行分級標記，像是涉及營業秘密的文件檔案，應註記「機密」、「限閱」或其他表彰機密性的字樣。

環境管制上，主要是透過物理手段，像是設置存放或存取的空間（資料室、資料庫、電腦設備），限制人員接觸機密資料（門禁管制、內部監控、人員身分識別方式），常見方法例如：進出管制訪客管理、人員進出登記等。其中，針對可複製資訊的設備，像是影印設備、隨身碟與遠端連線之使用等，建議訂出細部的規範，以及這些存取設備使用年限後的銷毀管理辦法等。

總結上述幾點作法，整理出有效的 IP 管理制度（下頁圖 12）呈現其階段性的關係，而這些也是馬克和傑克對於其核心商品及研發內容須保護的措施。

## 妥善運用 IP 為公司帶來收益

對公司而言，核心價值最終仍須為公司帶來營收效益。從核心價值開發出的 IP，透過授權、技術移轉、讓與等 IP 商業化運用，成為公司的財源。而 IP 的加值運用更是不可小覷，例如：開發周邊商

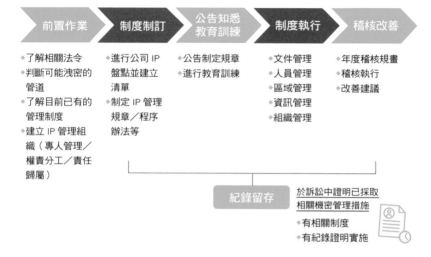

圖 12　IP 管理制度建置步驟

品、改作運用等。此外，IP 的商品化不單是開發出的最終商品或服務本身，IP 本身也有價值，如 IP 融資及證券化運用。IP 的價值有時更是彰顯於商業合作及投資與否的關鍵因素。妥善利用 IP，讓 IP 產出最大化效益，才能為公司創造穩健的營收、提升公司估值。

　　此外，運用 IP 的同時，也別忘了定期盤點公司所擁有的 IP，特別是依法須經一定程序始能延長權利存續期限者（例如商標權）。在 IP 權利期限屆滿前，評估是否繼續維護及維持其紀錄的效益，並決策是否採取嫁接其他保護方式、依規定於法定期間內延展權利期限，或維持其內部秘密性等措施。

· **智慧財產權估值議題**

　　智慧財產權及無形資產的鑑價，是近年來很熱門的話題，且應用場景多元，舉例來說，當專利／技術涉及交易時，包括買賣、授權、入股、融資等，在交易雙方協商過程中，若需要一個彰顯其價

值的客觀依據，便可經由鑑價單位協助計算合理價值。

另外在訴訟實務上，有時也會需要第三方鑑價，作為計算損害賠償的依據。但鑑價方式相當複雜，以下表格（表 14）即簡介幾種常使用的方式。

知識經濟時代的來臨，保護公司開發的 IP 成果，除了可強化公司的競爭優勢外，還可提升公司的價值及獲利能力。而保護公司 IP 的方式，我們要知道其重點在於管理，法律無法解決所有問題，因此，除了現存法律已有的保障外（例如：專利、商標等的申請及維

| 方式 說明 | 收益法<br>（Income Approach，又稱收入法、利潤預測法） | 市場法<br>（Market Approach，又稱市場比較法、銷售比較法） | 成本法<br>（Cost Approach，又稱成本累積法） |
|---|---|---|---|
| 概念 | 以該標的所創造的未來利益流量為評估基礎（現在／未來式） | 以該標的在市場交易價格為評估基礎（現在式） | 從該標的重建或重置所需成本為評估基礎（過去式） |
| 定義 | 假設標的具未來可產生現金流量之性質，透過資本化或折現過程，將其轉換為標的價值。須注意利益流量、年期、折現率等因素 | 參考市場行情，比對其他相同或相似專利／技術的交易金額，以評鑑其市場上合理交易價值。此仰賴公開資訊，若無，將減損參考價值，且因專利／技術各不同，難區別相異處的影響 | 於價值基準日時，標的重建成本或重置所需成本，扣減其累積折舊額或其他應扣除部分。因替代法則，資產價值最多不會超過購得或建造具有相同效用資產之成本 |
| 問題 | 此方法能反映專利／技術的真實價值，但評估未來變數多，應用並不如想像容易 | 市場資訊的完整性和各專利差異會影響評估準確 | 此評估模型與專利／技術所能產生之貢獻並無一定關聯 |

表 14　營業秘密要件分析及介紹

權、營業秘密法規的排他性使用），還有其他的智慧財產管理措施得同時搭配，以短、中、長期階段性思考，結合公司發展，架構出完善的 IP 保護及管理，並以「預防勝於事後治療」的思考，套用在整體策略中。

創業家除了思考如何利用這些 IP 產出最大化商業價值，針對已採行的 IP 保護措施，建議應依公司發展狀況隨時調整，檢視其成本效益，決定是否繼續維持或改以更優化的保護管理措施。滾動式地調整，才能持續往維持競爭優勢的道路，穩健邁進。

# PART 4

## 管理與個資處理大補帖

▶當創業家與共同創辦人一起創業，或有其他願意投資公司的人成為股東時，公司已非由一人經營，我們必須認識董事會、股東會、監察人等影響公司經營方向的重要組織與角色。而在資安問題日益受到重視，公司將《個資法》作為內部遵法項目，也是經營的重要議題。

| 第 14 章 |

# 公司治理

# ★馬克與傑克的創業歷險記★

　　馬克在與傑克設立佩特智能股份有限公司時，因當時股東只有他們兩人，所以只設置一席董事，由馬克擔任，同時不設置董事會，監察人則找了自己的家人。但馬克知道，這不代表不用召開股東會，特別是他思考到智慧餵食器將繼續研發及更新，後續也有找新投資人的必要。因此，股東會的召開會愈來愈重要，且監察人也可能讓新的投資人擔任。

　　然而，說到召開股東會，馬克也是似懂非懂，畢竟很多事務的溝通，只要他與傑克兩個人喬好時間討論即可，有時是線上會議，也沒有留下紀錄，這樣算不算有開股東會？可不可以用書面作業進行就好？

　　另外，之後既然會再邀請新的投資人加入，是不是需要開股東會取得傑克的同意？還是身為董事長的他或之後有董事會出現時，由董事會決定就好？經營一家公司，怎麼這麼複雜啊！

當創業家與共同創辦人一起創業，或有投資人成為股東時，公司已非一人承擔經營結果就行。對股東而言，投資無非希望獲利，但也知悉投資必然伴隨著許多不確定性，為降低風險，《公司法》設計有管理與監督公司治理的措施。

由於公司為股東所共有，股東會便是公司的最高決策機關，但因為股東會龐大（特別是股東人數多的時候），加上召集程序複雜，實際上難成為有效率的管理機關，因此，便以選出的代理人——董事會，作為公司經營的決策機關。董事會也可因應具體事務的決策與執行方便，將權利再授權給經營階層（像是經理人），但仍由董事會總管公司業務經營。至於股東會，則可對董事會及董事會成員訂出相應法定義務或責任，以達控制公司之效。由此可知，創業家有了解股東會及董事會的必要性。

同時，股份有限公司還有監察人作為公司的監察機關（有限公司則是以不執行業務的股東進行事務的監察），與股東會、董事會互相影響，以此架構出公司的管理與監控方法。這一章即會介紹董事會、股東會和監察人的運作。


## 認識董事會

我們先來談談股份有限公司的董事會。

相較於一年僅召集一次的股東常會及不定期臨時召集的股東臨時會，董事會是股份有限公司法定、必備、常設的經營機關，以執行公司業務。但新創公司初始，股東組成單純，多半就幾個共同創辦人同時擔任董事，而公司的營運大小事與決策直接討論就好。

然而，隨著公司規模擴大，不斷有新的投資人加入，完整的公司組織就變得重要，特別是董事會的部分，這也是投資人在意的。

以下即整理出對於董事會應有的認識。

## · 權限範圍大

董事會與股東會最大的差別為權限範圍差異，針對公司的營運決定，除了章程或法規明定要由股東會決議的事項外，其餘都透過董事會決議執行（參照《公司法》第202條）。

從權限規定上來說，如果發生「股東會對於不屬於《公司法》和章程規定由其決定的事項卻進行決議時」，或是「董事會把規定的權限事項，交給股東會決定時」（註57），結果對於董事會並沒有拘束力，仍然需要由董事會決議才能執行。

此外，依目前經濟部函釋說明函可知，雖不能授權股東會，但董事會可透過授權董事長，決定公司發放股利之配息基準日與發放日、設立分公司之具體地點及實際開業日期（註58）。

## · 運作採會議議決

董事會由董事長召集全體董事舉行，而董事和立委一樣，是有任期及選任的，每屆第一次董事會於董事新選任後召集。不過，董事會在召開上沒有像股東會一樣有固定期間的要求（但實務上至少一季會召開一次），也沒有次數限制，有需要的時候還可以臨時召開，以求效率。

董事會的運作方式採會議議決，一位董事一票，以人數的多數決（算人頭），這和股東會用股份數認定表決權的方式非常不同。而董事會決議的事項，會因重大程度分為普通決議跟特別決議。

普通決議事項（一般未規定事項）門檻為過半數董事出席（法定開會門檻），出席董事過半數同意（法定決議門檻）；特別決議事項門檻則要求董事會2／3以上的董事出席（法定開會門檻），出席董事過半數同意（法定決議門檻）。例如《公司法》規定，公

司要買回股份作為員工庫藏股、發行員工認股權憑證、公司增資發行新股，就要經過董事會的特別決議。

董事必須親自出席董事會（包含視訊董事會），但有時董事未必能親自出席，這時如果公司章程上明定董事無法親自出席可找其他董事代理時，便可依此操作，會更容易順利召開及決議。不過要注意的是，當需要代理時，每一位董事只能就該次董事會代理「一位」其他董事行使表決權，而且要每次出具委託書，並列舉召集事由之授權範圍。除了監察人可列席董事會外，當涉及專業事項討論時，也常見特別人員（例如：律師、會計師等）單純列席說明，但不介入表決。

董事會通過的決議不直接對外生效，要再由董事長單獨對外代表公司，並對外具體執行業務（參照《公司法》第 208 條第 3 項）。董事會的運作，強調討論議事，如前所述原則，應實體集會，但閉鎖性股份有限公司及非公開發行股份有限公司可用章程約定「經本公司全體董事同意，董事就當次董事會議案得以書面方式行使表決權，而不實際集會」。

## ・執行法定義務

董事會要做的事情有哪些？有幾項法定義務要注意，包括：召集股東會、編造會計表冊、向股東會報告、備置章程／簿冊，還有聲請宣告公司破產、通知公告公司解散等，也是董事會義務。

再者，以下則是《公司法》明定單獨屬於董事會決議的事項：關於經理人選任、申請辦理公開發行、特殊類型出資、股份交換

---

註 57：參照最高法院 103 年台上字第 2719 號判決。
註 58：參照經濟部 98 年 5 月 26 日經商字第 09800574750 號函釋、經濟部 99 年 11 月 24 日經商字第 09902148270 號函示。

（章定資本額度內）、員工庫藏股、員工認股權憑證、每季或每半年的盈餘分派、員工酬勞、公開發行公司以章程授權董事會分派現金股利、公開發行公司股東會透過章程授權董事會辦理以公積發給現金、發行及私募公司債與發行新股（章定資本額度內）。

## 董事長和執行長誰比較大

常有人詢問，董事會與執行長的關係，到底是誰的權限大（誰要聽誰的）？前面介紹過專業經理人，執行長即是專業經理人的一種；經理人和董事不同，董事會是決策機構，可授權經理人業務執行的範圍，當然，兩者也可並存，身兼經理人（總經理、執行長等）及董事（長）也是業界常見狀況，但不能說兩者相同。

基本上，董事會承接股東會所託，對公司負直接經營責任，董事會再委任專業經理人執行，所以才會有董事會開除公司創辦人的事件。像是蘋果公司董事會即曾解任當時的執行長兼創辦人史蒂夫‧賈伯斯、開放人工智慧研究中心（Open AI）董事會開除創辦人兼執行長山姆‧阿特曼（Sam Altman）等。

至於，有時聽聞的股份有限公司投資案，在決議後卻沒有下文，後來發現是董事長私自決定將公司資金轉投另一家自己經營的公司。此時，董事長應依公司章程、股東會決議及董事會決議執行，若董事長沒有依股東會決議或根本未召開股東會，就自行決定轉投資、資金使用等，不論其轉投資動機為何，除可能對公司造成損害而須負賠償責任外，董事長所為亦可能涉犯刑事背信罪，此類案件也相當多見。

# 認識股東會

接著以創辦人的角度來看股東會，並分成有限公司和股份有限公司兩類進行說明。

## · 召集股東會

有限公司

有限公司沒有股東會的制度，因此，有限公司的董事沒有召集股東會的義務。

股份有限公司

首先，《公司法》對於股份有限公司在股東會的召開及需要股東會決議的事項，都有其規範。股東會有股東常會及股東臨時會，以召開股東會為例，《公司法》要求股份有限公司每年至少要召集一次股東常會（相對則是股東臨時會），對於召集前通知之期限、內容，甚至會議形式等召集程序，均有要求。

股東會原則上由董事會召集（參照《公司法》第 171 條），並由董事長擔任主席。另外，如有特殊情況，像是董事監守自盜而無法期待其召集股東會時，也可由監察人（《公司法》第 220 條）、少數股東（參照《公司法》第 173 條及第 173-1 條）等召集。

此外，股東會的召集程序在《公司法》有相關規範，亦應同時留意。依筆者經驗，常見創業家因新創公司股東較少（例如僅有創業家及一、兩位股東），而忽略應於會計年度終了後 6 個月內召開股東常會，或未提前通知及未經主管機關核准而逾期召開，會因此而遭受罰鍰。若真的已經逾期，也要盡速補召開。

關於股東會的召集，在疫情期間，許多公司的股東會無法實體召開，而有創業家改用視訊方式，但請留意，閉鎖性股份有限公司

及非公開發行的股份有限公司，除非已於章程中明定得以視訊方式召開股東會，或主管機關有特別說明，否則仍應以實體方式召開，始符合法定要求（參照《公司法》第 172 條之 2 第 1 項）。

比較特別的是，在本書第 5 章所提到的閉鎖性股份有限公司，其章程的訂定經全體股東同意後，股東可就當次股東會議案以書面方式行使其表決權，而不實際集會（參照《公司法》第 356-8 條）。

## · 決議內容

### 有限公司

有限公司沒有股東會型態，因此董事並無召集股東會的法定義務，但基於有限公司具有股東關係較緊密的特性，《公司法》上仍然賦予股東對於以下特定事項有表決權：增資或減資、新股東的加入（包含是否同意股東或董事移轉原有出資額給新股東或另一股東）、變更組織型態為股份有限公司、選任董事、是否承認會計年度董事製作的各項表冊、提撥特別盈餘公積、法定資本公積及公司受贈所得換發新股或現金給股東、變更章程與合併解散。

值得留意的是，有限公司的董事要將每屆會計年度終了後造具的各項表冊提供給股東，並取得股東表決權過半數的同意，才算完成出具表冊的責任（董事責任也才能解除）。但很多為了講求營運方便及效率而採用有限公司型態成立的新創團隊，非常容易忽略此點，以致日後一旦發生股東糾紛，擔任董事的股東往往就會因此先被外界指摘，落於不利的處境。

### 股份有限公司

股東會是股份有限公司的最高意思決定機關，主要就公司章程及公司法定的決議事項進行決議，董事會並以此決議結果執行（參照《公司法》第 193 條）。實際上公司經營，有專屬股東會的決

議事項，或有股東會與董事會共享（共同行使，也就是兩者都要進行，才是合法程序）的權限。

專屬於股東會的決議事項，例如：將票面金額股轉換為無票面金額股、申請停止公開發行、董事報酬、解任董事、解除董事「競業禁止」、承認會計表冊及期末盈餘分派權限、變更章程等。

至於共同行使事項，例如：重大營業變更決策權、公司合併、分割之決議、發行私募轉換公司債、附認股權公司債（相較於發行普通公司債，只要董事會決議即可）、經營結果之承認及盈虧之撥補。因此，針對董事會決定之事項，有些尚須經過股東會決議，方為合法（表 15）。

另外要說明的是，股東會的決議瑕疵，包含了召集程序（像是未經董事會合法決議而召集）或決議方法（像是無表決權股東參與表決）的違法，以及決議內容的違法。前者是決議得撤銷（白話是

| 專屬股東會決議權限 | 股東會與董事會共享的權限 |
| --- | --- |
| ◆公開發行公司解除轉投資限制<br>◆票面金額股轉換為無票面金額股<br>◆申請停止公開發行<br>◆議定董事報酬<br>◆解任董事<br>◆承認會計表冊及期末盈餘分派權限<br>◆盈餘轉增資<br>◆公司私募轉換公司債、附認股權公司債<br>◆公積轉增資或發給現金<br>◆發行限制員工權利股<br>◆變更章程<br>◆「閉鎖性股份有限公司」變更為「非閉鎖股份限公司」；「非閉鎖性股份有限公司」變更為「閉鎖性股份有限公司」 | ◆重大營業變更<br>◆經營結果之承認及盈虧撥補 |

表 15　股份有限公司股東會決議權限整理

在撤銷前仍有效）；後者是決議無效（白話是直接無效）。此部分涉及到的法律探討較深，如果公司有碰到這類的議題，務必諮詢相關專業人士。

回到本章開頭的問題，馬克預想的是，如果之後要發行新股尋找新股東，屬於應召開董事會決議的事項，不過因為佩特智能股份有限公司在沒有變更章程新增董事席次或設置董事會的情況下，只要新發行的股份數未達章程規定的總發行股數門檻，身為唯一董事的馬克即可自行決定發行新股，也不用經過股東會討論。

## 認識監察人

身為公司監督機關的監察人，主要任務為監督董事會執行業務狀況。監察人有以下重要職務：

1. 業務檢查權（參照《公司法》第 218 條）。監督公司業務執行，並可「隨時」調查公司業務及財務狀況，亦可請求董事會或經理人提出報告。

2. 列席董事會表示意見（參照《公司法》第 218-2 條第 1 項）。

3. 對董事會或董事瀆職行為的制止權（參照《公司法》第 218-2 條第 2 項）。

4. 查核表冊權（參照《公司法》第 219 條）。針對董事會編造提出股東會之各種表冊予以查核，並於股東會報告意見。

5. 特定情況代表公司權（參照《公司法》第 223 條）。代表公司與董事為買賣、借貸或其他法律行為（因董事須迴避）。

6. 股東會召集權（參照《公司法》第 220 條），除董事會不為召集或不能召集股東會外，得為公司利益，於必要時召集股東會。

監察人透過以上權限可以監督董事會，因此股東們自然要對監察人精挑細選。但就筆者觀察，很多新創公司貪圖方便，監察人往往由創辦人的配偶或雙親「客串演出」，至於是否能發揮監督職責，則有很大的疑問。

此外，監察人依《公司法》第 8 條規定，在執行職務範圍內，也是公司的負責人，並有積極作為的義務。《公司法》規範其執行職務若違反法令、章程或怠忽職務，而讓公司受有損害，須對公司負賠償責任（參照《公司法》第 224 條）。最後，要特別提醒的是，監察人既然負責監察公司的重要任務，必須有一定的獨立性，不能執行公司業務，也不能由公司員工擔任。

# 關於迴避表決

新創公司常見選任股東擔任董事（例如：創辦人），此時，創辦人須留意當代表公司時，如果將同時和自己或為他人處理事務的自己，進行買賣、借貸或其他法律行為（例如：智慧財產權之授權或轉讓），不論公司型態為有限公司或股份有限公司，這樣的行為都會讓交易結果有不確定性（實務上有認為無效的，也有認為事前許諾或事後承認即對於公司發生效力），且處於角色重疊的狀態。

舉例來說，如佩特智能公司突然需要資金周轉，馬克想說先自己借錢給公司，並簽署一份借貸契約。但此借貸行為將因馬克代表佩特智能公司的董事與自己進行借貸，會有法律上自己代理的情況。為防止利害衝突及保護公司（本人）之利益，《公司法》第 223 條規定，須透過公司的監察人代表公司，審查此借貸行為的合理性（例如借貸金額、利率約定等），再與馬克完成交易。

另一個情況是，如果馬克與傑克自始設立的公司是有限公司

時，則《公司法》第 108 條第 4 項準用第 59 條規定「不得有前述雙重代理行為」，此時，如有跟馬克借貸之必要，可參照經濟部經商字第 10202153500 號函釋規定，另訂代表公司之人：僅置董事一人者，由全體股東之同意，另推選（或增加）有行為能力之股東代表公司；亦可置董事兩人以上，並特定一董事為董事長，由其餘之董事代表公司。依此方式，因佩特智能公司僅有一位董事，且股東僅有傑克，所以公司將推選傑克代表公司與馬克進行借貸討論。

除了禁止自己代理或雙方代理的情況外，《公司法》對於董事會議案中，如有涉及董事本人或其配偶、二親等內血親，或與董事具有控制從屬關係之公司事務時，因為有自身利害關係（實務上指特定股東將因該事項之決議取得權利、免除義務，或喪失權利、新負義務而言，註 59）存在，董事要迴避此議案的表決，也不可以代理其他董事行使表決權，亦不算入表決權數。

例如，當馬克在未來因為引資而設立了 3 席董事及董事會，但想要多找自己人協助處理公司事務，因此提案選任自己的親弟弟（旁系血親二親等）擔任公司的經理人。此時將因為我們前面提到的，經理人依法有管理一切必要行為之權，經理人就所任之事務，視為有代表商號為訴訟上行為之權（參照《民法》第 554 條第 1 項、第 555 條·），所以在此選任經理人的議案上，馬克將因為有自身利害關係而不得表決。否則，即使自己的親弟弟由董事會選任為經理人，也會因為該次議案違反《公司法》第 206 條第 3 項、第 4 項準用同法第 178 條、第 180 條第 2 項規定而為無效決議（註 60）。

---

註 59：參照最高法院 107 年度台上字第 1666 號判決。
註 60：參照台灣高雄地方法院 110 年度訴字第 1183 號判決。

# | 第 15 章 |

# 個資及隱私保護

關鍵字

**特種個資、誠信原則、必要性蒐集處理利用、特定目的、**
**個人資料保護法之特定目的及個人資料之類別、隱私權政策、永久保存、**
**行銷、個資外洩、善良管理人注意義務、舉證責任倒置、法律責任**

# ★馬克與傑克的創業歷險記★

　　目前公司想推出的新產品——具社群 App 及結合連網監控健康功能的智慧寵物餵食器，因為需要設置 App 及社群，馬克想著為增加消費者的黏著度，是否可以在 App 中連線設置會員系統，同時開放社群平台供公眾閱覽觀看，藉此讓廣告可以更精準投放，吸引更多人注意。

　　但這樣的會員服務，需要讓用戶或公眾在平台上註冊。傑克聽到後，提醒他近年來的詐騙、個資外洩事件相當頻繁，甚至有企業因此被裁罰的新聞，就連財務主管也詢問馬克有無設想平台建置及會員資料管理的方式，需不需要找廠商協助。但資料的管理要做到什麼樣的標準？馬克聽完覺得非常納悶，卻也不想因此放棄這樣的構想。他該怎麼做呢？

相信各位一定也很常收到行銷簡訊，有時安裝了看盤軟體App，沒多久就發現手機裡已有一堆股市操盤推薦簡訊。這究竟是企業合法的行銷手法，還是個資濫用或外洩？日前國內有 iRent、博客來、誠品，甚至政府機關等個資外洩事件，國外則有 Meta（Facebook）、Google 等網路巨擘因為個資傳輸行為被裁罰的新聞，到底原因是什麼？這都讓創業家擔憂，甚至人心惶惶。

　　公司治理對於新創公司而言，絕對是重要項目。新創公司的董事會及管理階層常見人員重疊的情況，但創業家莫忘公司為股東所有，不再僅是單純一人決定就行。由創業家建構的董事會，仍應以追求公司及全體股東利益為經營目標，而且隨著公司未來可能走向公開發行與資本市場，公司治理議題將會愈來愈重要。

　　若新創公司在一開始就能先熟悉董事會、股東會的運行方式，議案須經過哪些決議程序，或是特定人應迴避的決議事項等，如此才能使公司的決議不會流於不確定的狀態。同時因董事會有效的運行、監察人發揮監督的功能，確認資源為有效利用，並藉由股東會向股東報告經營成果，從中聽取股東意見以達良好互動，這些都將成為公司永續經營的基礎。

　　接著，我國因應著個人資料蒐集、處理、利用而訂有《個資法》，其中列出了公務機關及企業（非公務機關）須遵循規範，尤其企業更是不分大小，都有適用。《個資法》更在民國 112 年經修法提高罰則，特別是針對《個資法》中授權中央目的事業主管機關指定的特定業別，加重了沒有配合訂立個人資料檔案安全維護計畫或業務終止後個人資料處理方法的罰則，顯見我國對個資的重視。

　　因政府及公眾媒體的不斷呼籲，民眾也逐漸意識到人格、隱私權益的保護，乃至於近年有不少民眾使用《個資法》捍衛權利。對於公司來說，個資使用是兩面刃，雖是鋒利的武器和工具，但稍有

違法，除了使企業商譽受損，更可能面臨行政、民事或刑事責任。在這樣的氛圍下，公司如何從中創造商機或內化為被投資的亮點，將《個資法》作為內部遵法項目，也愈來愈重要。本章我們將簡介《個資法》，提供創業家們於個資風暴下安身立命的參考。

## 什麼是個人資料？

很多人會誤認公司的資訊（像是統一編號、公司地址）也是個資，這是錯誤的觀念。個資的範圍只限於自然人，且是限於活著的自然人（死者不適用），至於外國人在我國使用之個資，也同樣受到保護。企業既然屬於法人，其資訊就不在《個資法》的範疇（但重要企業資訊可由《營業秘密法》保護，這點大家別忘了）。

再者，很多人認為一定要和姓名組成的資料，才是個資。但要注意，依《個資法》規定，只要是「直接或間接方式識別該個人之資料」都屬於個資，並不僅是用姓名來判斷；甚至，《個資法》第 2 條也例示了像出生年月日、ID（身分證字號、護照號碼）、個人生理資訊（特徵、指紋）、個人背景資訊（婚姻、家庭、教育、職業、聯絡方式、財務情況、社會活動），以及俗稱「特種個資」（參照《個資法》第 6 條）的病歷、醫療、基因、性生活、健康檢查、犯罪前科，都是直接識別的個資。

至於前面提到間接方式識別的個資，指的是可透過和其他資料對照、組合、連結後，可識別特定的個資，常見像是員工編號、用戶或會員編號等，這些可透過企業內部系統連結而取得當事人的資料主檔，就屬於間接識別的個資，同樣受到保護。

特別提醒，「特種個資」因為非常敏感而有高度侵害隱私的風險，原則上是不得使用，只在符合《個資法》第 6 條的法定要件時

才能使用（表16），違反時會有嚴重的刑事責任。過去很多公司喜歡要求應徵者提供「警察刑事紀錄證明書」（俗稱良民證）來確認背景及身家，但是，除非是法令規定的特定行業（像是保全業），否則容易有高度違法風險。另外，像是生技、醫療產業，業務常會涉及很多關於受試者的個資（病歷、醫療、基因等），也建議特別確

| 事由規定 | 備註 |
| --- | --- |
| 法律明文規定 | 指法律或法律具體明確授權之法規命令 |
| 公務機關執行法定職務或非公務機關履行法定義務必要範圍內，且事前或事後有適當安全維護措施 | 法定義務指的是非公務機關依法律或法律具體明確授權之法規命令所定之義務 |
| 當事人自行公開或其他已合法公開之個人資料 | 自行公開，指的是當事人自行對不特定人或特定多數人揭露其個人資料 |
| 公務機關或學術研究機構基於醫療、衛生或犯罪預防之目的，為統計或學術研究而有必要，且資料經過提供者處理後，或經蒐集者依其揭露方式無從識別特定之當事人 | 一般企業無法使用 |
| 為協助公務機關執行法定職務或非公務機關履行法定義務必要範圍內，且事前或事後有適當安全維護措施 | 這裡講的是輔助者的概念 |
| 經當事人「書面同意」，但逾越特定目的之必要範圍或其他法律另有限制，不得僅依當事人「書面同意」蒐集、處理或利用，或其同意違反其意願者，不在此限 | 注意應保存相關書面同意的紀錄 |

表16 「特種個資」蒐集處理利用之合法事由

認是否具有合法使用事由。基本上，我們建議如果真的有必要使用此類「特種個資」，務必取得當事人「書面同意」為妥。

# 《個資法》基本原則

整部《個資法》環繞在特定目的，以下我們舉企業常見蒐集求職者、民眾的個資來說明，方便創業家們理解（圖13）。

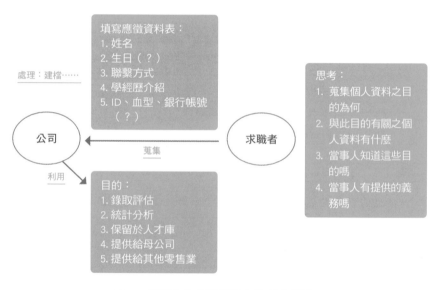

填寫應徵資料表：
1. 姓名
2. 生日（？）
3. 聯繫方式
4. 學經歷介紹
5. ID、血型、銀行帳號（？）

處理：建檔……

公司

蒐集

求職者

利用

目的：
1. 錄取評估
2. 統計分析
3. 保留於人才庫
4. 提供給母公司
5. 提供給其他零售業

思考：
1. 蒐集個人資料之目的為何
2. 與此目的有關之個人資料有什麼
3. 當事人知道這些目的嗎
4. 當事人有提供的義務嗎

**圖13 個資蒐集處理利用之思考流程圖**

首先是個資的使用行為，要注意須以誠實及信用方法為之。像是透過法定告知程序，讓當事人能掌握完整資訊，進而決定是否提供個資，這是對於當事人個資自主決定權及隱私權的尊重。所以在蒐集活動報名資料時，企業在報名表單就應說明使用之特定目的。

接著，特定目的拘束原則，強調的是個資的蒐集和目的間要有正當合理的關聯。白話的理解就是，沒必要的個資不要蒐集，這也是「個資最小化」的概念。

在外部行為上，常見企業在提供客戶或消費者服務後（尤其是服務業）的意見調查表、滿意度問卷等，如果要求填寫者提供身分證字號、出生年月日等個資，同樣會有必要性的疑問。創業家必須從各個業務流程，重新思考個資使用的必要性，相信會有截然不同的想法。回到圖 13 的求職案例，可以發現其實蒐集當事人的生日、ID、血型、銀行帳號等，可能在應徵行為上欠缺必要性。

# 個資蒐集、處理與利用

《個資法》除了強調保護當事人的人格法益外，也希望促進個資的合理利用，而非完全禁止；但合理利用的前提在於，遵循《個資法》的各種法定要件。也就是說，《個資法》依個資的生命週期，從開頭的蒐集到後續的處理與利用階段，都有不同的法定要件，只要企業能完整掌握，就能安穩度過個資風暴。接著，我們就來介紹這些要件。

## ・蒐集個資階段

蒐集，指的是個資取得的行為，這是個資使用的源頭，可以說是遵法上最重要的基礎。蒐集個資行為有 3 個法定要件：

要件一：特定目的

首先，蒐集緊扣著前述講到的特定目的，不能空泛蒐集，否則不具正當合理關聯。畢竟，如果蒐集者（公司）沒有特定目的，當事人（提供個資的人）就無法知悉及判斷為什麼？是否要提供？自然無法保障其權益。

特定目的乍聽抽象，但其實非也。創業家可從公司各項內外部的業務流程實質檢視，像是外部的市場調查、研究分析、契約履行、會員管理，內部的應徵、人事、行政管理等，都是常見且容易理解之特定目的，公司可依實質需求設計。順帶補充，法務部「個人資料保護法之特定目的及個人資料之類別」也列出了很多參考特定目的，企業可自行活用。

最後，叮嚀創業家，務必在向當事人蒐集個資前，想清楚公司未來所會使用到當事人個資的情境，包括現在及未來的特定目的，並予以完整告知，避免要使用時，才發現有漏未告知的特定目的，而動輒需要重新告知並取得對方同意，相當耗費資源及成本。

### 要件二：告知義務

第二個要件是企業有告知義務（參照《個資法》第 8 條）。特定目的是公司內部的想法，因此要進一步向當事人說明，當事人才能完整決定是否提供個資，而這個說明的動作就是告知義務了。

由於有無告知，是當事人在提交個資時可以直接掌握及確認的，因此告知義務不完備，其實是企業最容易被挑到個資遵法瑕疵的情況之一，具有高度外顯性的曝險（至少會有民事及行政責任）。舉例來說，一樣是電商網站經營者，當其他平台或商家都有公告「個資使用聲明條款」，沒有做的公司自然就容易被認定瑕疵或不符合業界水準。

至於，告知義務的內容要怎麼寫？很多新創公司會直接於網路上尋找隱私權政策，但要注意的是，此與告知聲明內容未必完全重疊。建議創業家務必確認，隱私權政策是否有涵蓋完整的《個資法》第 8 條要求的告知事項。

此外，所謂的告知方式並沒有限制，不論是口頭、書面、電話、簡訊、電郵、傳真等皆可，只要能使當事人知悉或可得知悉，

公司可依個別情況運用。但重點在於紀錄的留存，畢竟在發生爭議時，告知義務的履行與否，是由公司來負舉證責任。

當然，這裡也一併補充，《個資法》也規定在某些例外情形時（註61），蒐集個資是不須告知的，但這些畢竟是例外，且該等事由都容易產生認定上的爭議，我們並不建議使用、。

### 要件三：法定事由

第三個要件是蒐集個資的法定事由。此原因在於公司雖設定了特定目的，並向當事人告知，也不表示當事人就有義務要提供個資，因此須有合法事由（參照《個資法》第 19 條）。其中最常見、最容易使用，也相較穩定的事由，就是契約關係（與當事人有契約或類似契約之關係，且已採取適當之安全措施）與當事人同意（請注意，這裡蒐集一般個資並不要求書面同意，而是只要對當事人進行告知義務後，當事人沒有表示拒絕，並且提供其個人資料，也推定當事人是同意的，但請各位創業家仍須注意紀錄留存）。

至於其他事由，像是為了增進公共利益，因為解釋過於抽象，容易產生爭議，使用上更要謹慎。

我們從馬克因應產品設計的 App 來看，當連結智慧餵食器的 App 開始要求使用者註冊會員時，佩特智能公司就有蒐集用戶個人資料的行為了；不僅如此，蒐集個資行為還會出現在當 App 上開始有平台供會員交流留言、訂購飼料等功能時。特別是依馬克構想，後續會將上面的內容連結到網路社群平台供公眾閱覽，如果透過

---

註61：《個資法》§8 第二項：有下列情形之一者，得免為前項之告知：一、依法律規定得免告知。二、個人資料之蒐集係公務機關執行法定職務或非公務機關履行法定義務所必要。三、告知將妨害公務機關執行法定職務。四、告知將妨害公共利益。五、當事人明知應告知之內容。六、個人資料之蒐集非基於營利之目的，且對當事人顯無不利之影響。

Cookie 蒐集公眾的瀏覽紀錄，也都屬於蒐集個資的行為。

這些個資的蒐集有用於會員管理、商業交易紀錄，甚至是商業分析用於投放廣告等情況，因此，這樣的特定目的就必須在蒐集前告知用戶，或於網路平台上公告（透過隱私權政策公告並取得瀏覽者同意）。藉由會員註冊時、平台瀏覽者點選入網站時，即可供其確認公司的個資告知聲明及同意隱私權規範，以確保法定事由契約關係、當事人同意的存在，以求符合《個資法》的要求。

## ・處理個資階段

第二個個資行為階段就是個資處理行為。直白地理解，公司在蒐集當事人的個資後，總要進行整理，而處理就是個資的分類、整理、建檔，所進行的記錄、輸入、儲存，以及相關的編輯、更正、複製、檢索、刪除、輸出、連結或內部傳送等行為，這些都和公司內部作業有關。

此時要注意的是，關於當事人個資完整性與正確性的維護，以及公司進行這些內部行為時，所涉及的個資保管、保護議題。實際上，很多公司其實並不清楚自己所保有的個資項目、數量、儲存位置、保存了多久，也因此無從進行及落實個資管理，反而成為管理上的黑洞。所以我們建議公司先盤點所保有的個資狀態（包括類型、數量及使用態樣等），並評估不同部門、業務的個資風險，以利後續處理維護及保管。

以上其實在政府發布的各項個資管理辦法中都有提及，並和資安管理及保護概念有一定的重疊，公司也可依成本規模，適度建置個資、資安保護的程序及措施。

## ・利用個資階段

接下來，就是個資利用行為，請務必留意須在原本蒐集特定目

的範圍內利用；目的外的利用，是《個資法》所嚴格禁止的，違反時須負的法律責任相當重，且特別容易肇生刑事責任（參照《個資法》第 41 條）。即使《個資法》第 20 條有法定目的外利用事由，但不論是「法律明文規定」、「為增進公共利益所必要」，範圍皆相當局限，且容易有糾紛。因此，如果在利用上真的超出當初蒐集之特定目的，建議至少應再次取得當事人同意後利用。

此外，利用行為最常討論的議題就是行銷，《個資法》對此也有所規範：在第一次行銷時，企業應提供當事人表示拒絕接受行銷的方式，並支付所需費用，不能要當事人負擔（例如：要求付費專線、郵寄、臨櫃處理等就不適合，而用電子郵件等機制處理就比較適當）。實務上，網路電子報就是一種常見的行銷方式，而現在電子報文末常見的取消訂閱機制，這就是為了符合《個資法》拒絕行銷管道所生的產物。

最後，我們實際舉個例子：很多新創公司喜歡在產品開發階段，透過網路問卷收取目標客戶意見，作為產品開發參考，順便匯聚網路聲量、降低獲客成本（Customer Acquisition Cost, CAC）。這類基本就是「市場調查分析」之特定目的，與此特定目的具有必要性及關聯性的個資，可能就只有簡單的年齡區間、職業類型、收入區間、對該產品的喜好即可，至於姓名、聯繫方式都欠缺取得之必要性（因為調查分析還是能做）。

此階段若想蒐集姓名、電話、身分證字號，建議增加其他特定目的（例如，後續進一步的聯繫、寄送折扣碼等增加成案機會）。如果在問卷設計時，只說明了「市場調查分析」之特定目的，蒐集這些個資後卻再用於行銷，如此就有違法的目的外利用風險，將有刑事責任究則，不可不慎。

# 當事人權利的行使

《個資法》的下一個重點，是給予當事人行使的當事人權利。這包括了應提供給當事人對於個資的查詢或請求閱覽、請求製給複製本、請求補充或更正、請求停止蒐集、處理或利用、請求刪除等權利。

對新創公司來說，較簡便的作法是和前述提到的隱私權政策一併規範設計。特別要提醒的是，給予當事人行使權利的機會，並要求其在法定期限內回覆（基本上為 15 日或 30 日），卻不代表公司一定要同意當事人的要求。如果是有妨害重大利益等事由時，依法是可以拒絕的。

此外，公司利用個資行銷是常見的作法，但若當事人已經表示拒絕被行銷時，公司就應立即停止作為，且公司內部務必予以同步處理並記錄。這裡的重點在於，一旦當事人已經要求停止行銷，表示很在意資料被使用，很可能成為潛在的爭議當事人，公司務必要有相關內部確認機制，絕對不要再次行銷（不論是否為同部門）以免觸法。

# 個資的保存與刪除

企業多半仍有資料永久保存的觀念，原因是「有朝一日會派上用場」或「備而不用」之類。然而，個資真的能永久保存嗎？這種使用及保存期限的思考，還是脫不了特定目的。簡單來說，當特定目的消失或完成時，原則上要主動或依當事人之請求刪除、停止處理或利用該個資，除非有另外得到當事人書面同意等事由。

舉個例子，很多公司的人資對於面試者的履歷，在面試結束後，喜歡保存到人才資料庫，想說「也許未來會用到」。然而，這

些個資其實在面試結束後，由於「應徵評估」特定目的已完成，就沒有後續保存的合理性了。因此，如果沒有在一開始和當事人言明「作為日後媒合及介紹」（特定目的），光是這樣的保存行為就有違法風險，更不要說後續的利用更是會對當事人造成干擾。

# 資料保護管理責任

過往大家對個資管理義務的直覺聯想就是「避免個資外洩」，這其實是《個資法》第 27 條第 1 項所規定的「非公務機關保有個人資料檔案者，應採行適當之安全措施，防止個人資料被竊取、竄改、毀損、滅失或洩漏」。而我們發現，民國 104 年修法後的《個資法》，又諸多強調此義務的重要性，並且和其他義務連結，例如「與當事人有契約或類似契約之關係，且已採取適當之安全措施」（參照《個資法》第 19 條）。

至於，適當安全措施的內容，基本上可從組織制度面（配置管理之人員及相當資源、界定個人資料之範圍、個人資料之風險評估及管理機制、事故之預防通報及應變機制）、管理面（資料安全管理及人員管理、設備安全管理等），以及技術面（使用紀錄、軌跡資料及證據保存），輔以教育訓練及稽核等機制，讓個資安全維護的整體環境持續改善、優化。

同時，也補充提醒，大部分企業基於專業分工，很多相關業務都是委託第三人代為執行，如果有涉及到個資時（常見像是會員資料庫由外部資訊公司代管、會員 App 外包、物流配送、客服、活動公司舉辦活動等），則《個資法》也要求對於該第三人（協力廠商）進行適當的監督管理，而且也要保留監督的執行紀錄，這都是個資保護的重要環節。

前面提了這麼多，可能讓創業家備感壓力，但其實《個資法》並沒有要求企業應無上限地投入成本。在個資的管理與保護上，畢竟這也沒有客觀期待的可能性，反而是公司依自身規模配置適當資源，採取前述必要技術上及組織上等措施，以盡到善良管理人的注意義務即可。

最直白的論點，可參考同業同規模公司目前的狀態，作為執行依據。同時，要強調的是，這些符合當時科技或專業水準可合理期待之安全性措施，必須是在個資事故發生前已建置且真正運行，方得作為企業有效舉證履行資料保護管理責任，而這也是很多個資外洩的訴訟案件中，最後企業被認定具有責任的主要原因，建議應及早進行個資的保護管理。

# 《個資法》法律責任

《個資法》之所以被廣泛討論，主因就在於它具有嚴格的法律責任；一旦違反了《個資法》，除了基本的民事賠償，還可能面臨嚴峻的刑事及行政責任，對於公司及創業家而言，代價甚高。為了讓各位能快速地掌握法律責任架構，我們也在此分類介紹。

首先，我們上面談到的各項責任及義務，違反時都可能引致法律責任，但對於公司而言，其中有幾個項目是特別嚴格的：「特種個資」的違法使用（參照《個資法》第 6 條）、個資的違法蒐集處理（《個資法》第 19 條）與個資的違法目的外利用（參照《個資法》第 20 條第 1 項）。

## ・ 刑事責任

當意圖為自己或第三人謀求不法之利益或損害他人之利益（所謂的利益實務上有很多討論，近年透過大法庭裁定下已有共識，即

不限於財產上利益才能夠處罰），而有上述違法行為，足生損害於他人者，可處 5 年以下有期徒刑，得併科新台幣 100 萬元以下罰金（參照《個資法》第 41 條），這刑度和侵占罪差不多，務必要注意。

另外，對於個人資料檔案不法變更、刪除等行為，也一樣會有刑事責任。我們看過有合夥人因糾紛而將公司客戶及員工資料主檔惡意刪除的案例，除了涉及《刑法》的妨害電腦使用罪外，也會涉及到《個資法》的刑事罰則（參照《個資法》第 42 條）。

最後，要補充的是，《個資法》的刑事犯罪，在現今社會非常容易和妨害名譽一起出現，加上已不再只是告訴乃論之罪，也就是說，檢察官在成案後必須依法處理。

## · 民事責任

公司只要違反《個資法》規定，而有當事人個資遭不法蒐集、處理、利用，或其他侵害當事人權利者，就須負損害賠償責任。其中涵蓋範圍非常大，除非公司能證明行為無故意或過失，才有免責的可能（參照《個資法》第 29 條第 1 項），例如：公司已設法管理，而不法行為純屬公司員工的個人作為等。

由此可知，絕不只有個資外洩才有民事賠償，目前我們也看到相當多的案例是關於違法行銷、垃圾信件而求償成功的（違反《個資法》第 20 條）。同時，對於企業而言，《個資法》為了保護當事人權利，若有違法行為，訂有由企業證明其無故意或過失者，得不負損害賠償責任條件（參照《個資法》第 29 條第 1 項），實務上應由企業提出證據，並說明已盡善良管理人注意義務之見解。

最後，在賠償金額部分，即使當事人無法證明受損害範圍，《個資法》也有「法定賠償額」的設計，目的都是為了便於當事人行使權利（如被害人不易或不能證明其實際損害額時，得請求法院依侵害情節，以每人每一事件新台幣 500 元以上 2 萬元以下計算），亦

增加了企業的壓力。

## · 行政責任

對於嚴重的違法行為，過往政府、主管機關可按次開罰，處以新台幣 5 萬元至 50 萬元的罰鍰。而較輕的其他違法行為，如未於限期改正，也同樣會遭受罰鍰（新台幣 2 萬元至 20 萬元）。

然而，在民國 112 年《個資法》修法施行後，企業如果被認定沒有採行適當之安全措施，而導致個人資料被竊取、竄改、毀損、滅失或洩漏者，像是曾引起討論的「iRent 個資外洩事件」，以及特定企業沒有按照主管機關要求，訂定個人資料檔案安全維護計畫或業務終止後個人資料處理方法者，又或政府於修法同年發布的《數位經濟相關產業個人資料檔案安全維護管理辦法》、《綜合商品零售業個人資料檔案安全維護管理辦法》，相關線上或線下業者都要非常留意，畢竟當沒有在寬限期內訂定上述計畫（俗稱「安維計畫」，就是個資的保護管理制度），就沒有限期改善的機會，政府也將直接裁罰。若情節重大，罰鍰範圍為新台幣 15 萬元至 1,500 萬元，屆期未改正者將按次處罰。

此外，這裡還有「雙罰」的規定。當企業因此而受罰時，其代表人等除了能證明已盡防止義務者外，應併受同一額度罰鍰之處罰，也是相當嚴格的架構。

數據價值本依附著個資與隱私保護命題，隨著科技發展，同樣的命題也會被滾動檢視，以保障民眾權利，也才能與經濟發展取得平衡。檢視台灣許多企業進入實體通路串接線上通路階段，或啟動數位轉型階段時，無論是開發或轉型過程，個資與隱私保護之責著實難以避免。同時，《個資法》有著在地化的法規特色，很多新創企業是以網路或軟體服務為核心，具有輕資產的特色，而此類服務沒有地區及疆界的限制，當企業開始於歐盟境內設立據點，或即使

未在歐盟設立據點，但對歐盟境內人民提供產品、服務或監測歐盟境內人民網路行為的境外企業，必須同時遵循歐盟「一般資料保護規則」（General Data Protection Regulation, GDPR）。

雖然目前裁罰的第一線主要在於歐美等跨國大企業，但未來的執法結果仍不可輕忽，甚至中國大陸的《個人信息保護法》也已上路，個資規範儼然成為國家間競爭的有力工具。

如何在這波持續的個資保護浪潮中站穩腳步，將數據作為企業永續發展的能量，有賴創業家們及早正面迎戰，架構出更妥適且能順應新經濟與新科技的經營策略。

# PART 5

## 募集
## 資金與資源

▶隨著公司的發展，資金需求也會愈來愈大，許多
創業家在評估後，以股權募資等方式取得資金。以
下介紹募資流程，以及成功接洽投資人後，在不同
階段該留意的要點。

| 第 16 章 |

# 創業家必學
# 募資攻略

關鍵字

**估值、股權募資、盡職調、投資條件書、投資協議書、股票購買契約、**
**保密協議、股份自由轉讓原則、優先認購權、優先購買權、優先清算權、**
**反稀釋條款、SAFE、 IPO、贖回權、共同出售權、強賣權**

# ★馬克與傑克的創業歷險記★

　　馬克和傑克的第一批產品在市場上取得了不錯的成績,兩人也開始在一些創業的商務場合中露臉。有位投資人比爾捎來訊息,表示有興趣投資他們,希望能見面談談,也提出想了解公司的銷售報表及財報等資訊,方便後續評估。

　　對於馬克和傑克而言,一方面感到高興,畢竟產品的價值被市場注意到了,但另一方面,沒有被投資經驗的他們,不知道該如何應對。

投資人對於創業團隊的了解與其募資需求，往往出於圈內相傳，或透過公私機構的新創基地、加速器、孵化器，或各類媒合會、Pitch 活動（註62）得知。而後有投資興趣時，投資人會希望取得公司更多資訊，以進行評估。

此時，雙方會簽署保密協議，於此互信基礎下，創業家進一步提出公司內部資訊（例如：營收、財務、業務、產品市場預測等），供投資人評估投資條件（例如：股數、每股認購價格、股權比例等）的合理性。雙方也可能以簽署投資意向書（Memorandum of Understanding, MOU ／ Letter of Intent, LOI）或投資條件書（Term Sheet）為起手式，確認有投資意向，甚至是投資條件，以確保後續投資流程及事項的進行。待雙方都確認投資條件後，便會簽署投資協議書，然後開始執行協議內容。

在這一章，我們以常見的募資流程（圖14），向創業家們介紹，當成功接洽投資人後所進行的不同階段。

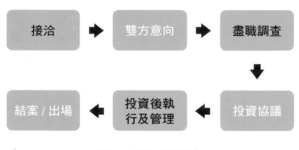

圖 14　募資通常流程

---

註 62：即提案活動。

# 開啟募資大門

在馬克和傑克的案例中，有投資人前來敲門，對他們來說是很大的肯定。不過募資實務上，更多是由創業家們投石問路、主動開啟募資。

當創業家盤算公司發展的下一個里程碑（例如：時間點、向市場推出產品、產品量產、開闢新市場及新服務等）所需的資金以及預備周轉金的數額，並決定採用釋出股權為募集所需資金或資源的最佳解方時，創業家會需要準備商業計畫書（Business Plan, BP）及募資簡報。這些文件的主要目的為：向投資人展現創業家對於公司所規畫的發展目標、商業模式、市場情況及定位、資金需求與投入、財務安排及創業團隊背景與經驗，讓投資人了解創業家的創業理念，並讓投資人相信公司具有投資價值，藉此打開募資大門。

過程中，創業家多會碰到公司的估值（Valuation）議題（台灣投資人最喜歡詢問的），此議題會顯示出本次所需募集的資金及願意釋出的股份數。

在此提醒創業家們，初始募資勿一味追求高估值，或把估值降太低而釋出太多股份。因為每一輪的估值都會影響下一輪的募資：當一開始拉太高，很容易因下一輪經營情況無法再拉高估值而影響募資進展，甚至出現每股價格高於公開市場中明星上市櫃公司股票的情況，反而會讓投資人質疑，要求解釋更多估值基礎。相反地，當估值過低，便不易彰顯創業團隊的價值，或在一開始釋出太多股數，導致團隊股權比例過早被稀釋而失去公司主導性，這些也都不是潛在投資人偏好的投資選項。

## · 推算公司估值

公司估值對於創業家而言，是件抽象但不得不執行的議題，

畢竟給出一個公司的價值，才能夠去推算股價。關於公司要如何估值，也是創業家最常詢問的問題。估值方法常見有資產法、市場法、收益法，各有優缺點。

不過，對於新創公司初始階段而言，因產品還在開發及驗證（Proof of Concept, POC），或還在架構最小可行性產品（Minimum Viable Product, MVP），因此以上的標準或數字確實很難抓出。此時常見的替代方式為：以本次募資金額（也就是達到下一階段募資時所需的營運及周轉資金數額）除以本次願意釋出的股份占比（常見每一輪募資釋股比率控制在 20%內），再將結果減掉本次募資金額，就會得到公司現在的估值（圖 15）。這種方式固然有倒推、射箭畫靶的疑慮，但業界仍相當常見。

另外，也因為新創實務估值並不容易執行，矽谷知名創投兼孵化器 Y Combinator 就推出了一種投資協議模板──未來股權簡單協議（Simple Agreement for Future Equity, SAFE），在該階段不處理估

投資後估值＝本輪募資金額 ÷ 本輪釋出股數
投資前估值＝投資後估值 − 本輪募資金額

舉例：佩特智能公司募資目標是 1,500 萬元，並決定釋出 25% 股權給投資人，則佩特智能公司的投資後估值就是 6,000 萬元（1,500 萬元除以 25%），投資前估值則是 4,500 萬元（6,000 萬元減去 1,500 萬元）

圖 15　公司估值計算說明

值議題，避免曠日廢時，只約定估值上限，留待日後輪次募資時再行認定。對此我國創業圈也多有所討論，有興趣的朋友可以留意。

## 確認投資意向

投資意向書的基本架構為該次擬投資金額（有些也會有對應的認股數）、前提要件、提供資訊（例如：配合進行盡職調查）、保密條款、投入費用各自負擔等約定。投資人有時也會要求獨家議約權（註63），避免案件在交涉過程中被其他投資人攔胡，也防止創業家騎驢找馬，一邊商議，一邊與其他投資人接觸，甚至被創業家用來和其他投資人喊價的籌碼。

此外，儘管意向書的法律效力有不少爭論，特別聚焦是否有其契約拘束力，但也絕對不要只仗著意向書的標題，就輕忽了該文件的內容，或忽略了裡面所寫的投資條件，想說之後簽署投資契約時再重新約定即可。就算意向書已明確記載有「無拘束力條款」（Non-binding），但一般也認為裡面的保密義務、費用分擔條款仍有其效力。

常見的情況是，意向書中已包含部分投資條件或投資條件書內的要素，多會延續到投資案後續，像是正式底定時簽署的投資協議書（Investment Agreement），或是股票購買契約（Stock Purchase Agreement）及股東協議（Shareholders Agreement）等文件，這在國外投資實務上更是如此；甚至，有不少的外國投資人已經有相當固定的投資經驗及模式，習慣一開始就先出投資條件書，並以此作為後續交涉基礎。

因此，在投資意向書或投資條件書中的交易條件，特別是股權相關的內容，如果有不利於創業家或新創公司者，除非這時候已協

商確定或接受，不然寧願先留白也不要恣意允諾，否則很容易埋下爭端及破局，浪費時間與心力成本，實在可惜。

再者，投資意向書的另一個重點為保密條款，保密內容可能包含參與投資的相關人身分及新創公司揭露的資料。筆者聽過「有投資人站在優勢地位而不願簽署保密協議，甚至會說團隊是在拿翹。如果被要求簽署保密協議，那這個案子就不看了」的說法，然而實務上較嚴謹的作法仍會簽署保密協議，且正因投資過程涉及盡職調查程序，公司會提出及揭露許多內部重要資料，透過保密條款不但可防弊，還可控管商業機密被目的性取得與另為他用的風險。

保密義務是公司的基本功，不僅投資案，各類提案也都有資訊保護的重要；投資案件未必都會成功，但機密資訊的外洩，卻是扼殺團隊競爭力的一大元凶，不可不慎。

# 投資評估盡職調查

商議過程中，謹慎的投資人會透過盡職調查評估投資條件，並確認創業家喊出的條件、畫出的市場規模是否有客觀素材或數據支撐。當然，愈前期的投資案，可檢視的資訊愈少，投資人關心的重點就在於團隊本身，這點先前已經有提過。

然而，公司發展愈到後期，投資案規模愈大，盡職調查程序會愈顯重要，有時甚至得花上達數個月之久。究竟會檢視哪些資訊呢？創業家基本上須以投資人提供的調查清單（Check List）準備對應資料，主要環繞著財務、稅務、法務、業務面向，通常分為財務

---

註 63：在特定期間內僅賦予該案投資人可獨家議約的專屬排他條款，常見於投資條件書中，稱為「No Shop 條款」。

盡職調查（Financial Due Diligence, FDD）及法律盡職調查（Legal Due Diligence, LDD）。

　　當中，須檢視的資料包括：一般事項資料、歷年財務相關資料（常見為近 3 年財務報表、未來 3 年的財務預估資料、稅捐紀錄等）、客戶端及供應端合約（重要合約）、智慧財產權相關文件及產品資料、公司成員的相關紀錄或合約、訴訟紀錄、政府主管機關公文等。不同產業的公司還有不同的重點核心資訊，像是網路服務、軟體、平台的核心資產之一，即為用戶數量、用戶終身價值資料（Customer Lifetime Value, LTV 或 CLV）等，這些相關營運資料及報表便是投資人得事前確認的。

　　盡職調查進行方式端視投資案規模而定，可能是投資人的專業團隊到公司查核，也可能透過線上提交檔案進行檢視。當然，對於創業家而言，提供電子檔案就多了一份資料外流的風險，請創業家務必留意。

　　此外，在盡職調查過程中，提供真實資訊是必要的，如被發現資訊不實，輕則影響估值等交易條件，重則交易告吹或對公司造成負面影響，甚至在最終的投資協議中，投資人會要求創業家及公司聲明交易過程中所揭露的資訊都是真實而非隱匿、虛偽的（因為投資人的決定都建立在這些資訊基礎上），如有違反，則會導致交易案違約破局、違約責任等，不可輕忽。

　　同樣地，創業家對於陌生的投資人也要盡職調查。建議多詢問業界或圈內相關人士，不要因為有被投資機會就沖昏了頭。特別是國外的投資人，其背景資訊相對模糊，儘管交易談判進展順利，執行時才發現投資款無法到位或有投審會的限制等，這些都是創業家事前應做好的功課。

　　回到馬克和傑克的案例，當有投資人表達投資意願，團隊高興

之餘，該要先進行該投資人的背景調查，且從接洽時就應先簽署保密協議，才能開始提供必要的內部資訊。若以電子檔案方式提供，也應留意其被轉發及外流的可能性。在此建議，重要且機密的資訊還是當面交付及現場檢視為佳。

# 投資條件書

投資條件書出現於盡職調查程序的前後，目的為草擬出最終的投資協議書。

投資條件書多會擬定公司估值，而這個估值可能在盡職調查後會有所變動（通常是被下修）。估值對於新創公司而言，如同本章前述，常有難以衡量的困擾，即使投資人接受漫天喊價，也務必要注意其對於往後募資可能造成的不利影響：本次的價值通常為下一輪募資的地板，估值無法持續增加。「出道即巔峰」會讓前一輪投資人質疑是否買貴，或是公司價值減損、創業家經營不力等，都不是好現象；同樣的質疑也可能由新一輪的投資人提出，因此估值也是需要留意的事項。此外，愈後面的輪次，募資金額及估值都會倍數放大，也愈來愈倚賴財務紀錄的支持，所以估值更需要精確的數據佐證。

接著，關於投資條件，其架構大致包括本次投資擬投資金額、股份數（股權比例）外，常見還有公司治理約定（經營權）、股份轉讓限制、保護條款、退場機制及其他一般約款。除了股權和估值外，我們就投資人在投資條件書的常見條款如下說明。

### ・董監席次及經營團隊拘束條款

投資人會希望透過獲得董事席次參與公司經營，加深掌控力道。同時，也可能會約定經營團隊成員（特別是創業家）不得變

動、離開，此類拘束條款在新創公司投資案經常見到，特別是愈前面的輪次。理由如同前面所述：投資新創企業的決定因素，愈初期階段能評估的客觀資訊愈少，所以很多投資人都是押注在團隊成員或創業家本身。

### · 股權轉讓限制

前述提到的經營團隊拘束條款，除了不得辭任外，也常包括股權轉讓限制，以拘束創業家或被限制的成員不得任意轉讓或在一定期間內不得轉讓持股，甚至轉讓前須先取得投資人同意，避免創業家無心經營公司的代理風險或套利，損害投資人利益。

可能有人會問：「不是有股份自由轉讓原則嗎，怎麼還可以禁止轉讓？」目前實務上認為，《公司法》第 163 條的股份自由轉讓原則，僅指不得以章程規定限制轉讓。也就是說，股東間仍可透過契約約定不得轉讓股份或限制轉讓方式，且目前《公司法》修法已開放一般股份有限公司於章程所訂的特別股可設計限制轉讓。創業家不妨往前複習第 5 章介紹的特別股。

因此，在投資條件中，限制創業家或指定成員（例如：原始股東、創業團隊持股成員）是可行的，只不過要留意這樣的約定只在約定人之間發生契約責任。

### · 優先權條款

常見的優先權條款有：

- **優先認購權（Preemptive Right）**：投資人在被投資公司下一輪發行新股時，可由投資人在這輪的持股比例優先認購股份，以維持一定的持股比例。我國《公司法》規定非閉鎖性公司（參照《公司法》第 267 條）的原有股東也有此權利。

- **優先購買權（Right of First Refusal）**：當原始股東欲出售股

份時，投資人有權以相同條件優先認購全部或部分股份。

- **優先清算權**（Liquidation Preference）：被投資公司遇清算、控制權變動、被收購等情況時，擁有此權利的特別股股東有權優先於創業家獲得清算、清償數額（有些較早進入的投資人，還能取得更高的受償比例或金額），但也可能相反，端視不同投資人的大小。

　　投資人約定優先權的目的，主要為確保有更好的加碼投資選擇權利，或有優先下莊兌現的機會，像是公司被併購時，對於具有優先清算權的投資人而言，就是理想的執行時機，可獲利出場，或依此要求約定倍數的回報，當然這也影響了團隊的收益。

## ・反稀釋條款

　　在公司的成長過程中，只走一次募資就能順利運行抵達終點的機率太低，因此隨著發展階段持續募資（包含引進有影響力的策略投資人）相當常見。但在公司發動新一輪募資時，原本投資人難免擔心：公司恣意地以低於原認購時之估值價格發行新股，恐過度稀釋其股權（股權等於對公司的控制權）。

　　此時，如果有反稀釋條款（Anti-dilution）的投資人，便可依此要求特定人（多半是簽約拘束的創業家）移轉持股，或要求再發行股份的方式，維持其持股比例。再者，如果投資人取得的是特別股，也可能透過轉換權的啟動條件，事先約定轉換為普通股的股數或轉換價格等，這都會對代表簽署的公司或創業家團隊造成影響。

　　反稀釋條款真正有用的狀況是在，當公司發生不好的事情，但投資人認為還有翻轉的機會，於是願意再投入資源，同時會再多拿一些股份；等公司狀況變好後，多拿的股份才會創造出相對應的價值。當然，實務上的反稀釋條款多會有配套的發動機制，例如：設定某個期間以內或以外的募資輪適用或不適用、設定觸發的股份發

行價格等。

## · 退場機制

退場機制（Exit）就是投資人出脫股份變現獲利的方式，也是這段投資旅程的終點。常見退場事件包含：公司 IPO、公司出售或被併購、主要業務部門被分割等，還有以下約定的權利，都能讓投資人透過股份出售達到兌現目的（下頁圖 16）。

- · **贖回權（Redemption Right）**：投資人約定公司於發生一定事件時，有權要求創業家個人或公司，以事先約定之價格及條件，購回投資人所持有之全部或部分股份。

- · **共同出售權（Co-sale Right）**：當原有股東欲向第三方出售股份時，投資人有權以相同的買賣條件，依投資人與該售股股東間之持股比例組成出售股數，同時出售給該第三人。

- · **強賣權（Drag-along Right）**：在約定期間內，如有特定條件發生，考量到一次出售多數股份較有吸引力，投資人有權強制性要求公司股東，一起以投資人與第三方約定之交易條件出售股份。

## · 其他經營管理條款

有些創投投資人會要求於公司內安插自有人馬，或要求被投資方遵守其相關管理規範，甚至部分創投或財務型投資人（特別是大公司），會要求被投資方要接受集團的管理模式，提交財務報告、接受稽核，如未能遵守，甚至可能會有對應的責任。

我們就曾見過有投資契約明文：當被投資方無法提供報表或報表不夠完整時，投資人有權更換公司的財務主管。而這類已經涉及到「投資後管理」的事項，對於新創公司來說會是很大的負擔，須格外謹慎決定。

| 如創辦人擬將其股票出售予第三方（下稱「買方」），投資人有權但非有義務選擇要求創辦人依該買方以相同價格同等條件收購其持有之公司股票 | 只要投資人決定向第三人轉讓其股權，則公司其他股東均應以相同價格、同等條件出售其手爭股權 | 本特別股之發行期間為3年，被投資公司於到期日應依發行金額加計以發行期間3年計算尚未取得之股息，以現金一次全部收回本特別股；若屆期未收回本特別股而造成投資人受有損害者，被投資公司事業應負擔損害賠償責任 |
|---|---|---|
| **共同出售權**<br>（Co-sale Right） | **強賣／拖售權**<br>（Drag-along Right） | **贖回權**<br>（Redemption Right） |
| ◆觸發條件 ex. 出售達某數量<br>◆隨售比例<br>◆行使權利期間<br>◆不一定對創業者或公司不利 | ◆避免被濫用使公司易於被出售<br>◆爭取寬鬆觸發的條件 ex. XX 年後未上市櫃<br>◆支付價格及支付方式 ex. 限制最低價格或最低收益率<br>◆對應加入創業者有優先回購權 | ◆觸發買回的條件<br>◆買回價格<br>◆支付的方式／買回期間調整權 |

圖 16　常見退場機制

# 簽署投資協議

　　投資案成立的最後一步即為簽訂投資協議。投資協議，除了將拍板定案前述所提之投資條件，還會規範具體交易方式、交割條件及日期（Closing Date）、協議生效的先決條件、聲明及擔保事項等。有些還會透過股東協議約束其他原始股東，強化控制力道。

　　由於募資最重要目的在於依約取得資金，提醒創業家在投資協議中，有關投資款的匯入條件皆須謹慎，避免出現付款時間點取決於「投資人完成某條件卻又無設定期間或監督機制」的情況。別忘了，這個時候要給資金的人本來就是投資人，如果投資人還設計了一個不確定的付款條件，創業家反而要留心其合作的真心了。

即使真有需要設計付款條件，且評估有其合理性時（例如：開設專戶為保護雙方，或因為投資人是外國人須先向經濟部申請許可），公司也應對此設定期限及預設無法達成時的處理方式，否則最後上演畫餅充飢的情況，很容易打亂公司的計畫。

# 募資後完善公司營運

募資成功後才是挑戰的開始，履行承諾更是為下次的募資鋪路。多數新創公司在上市櫃前，都有階段性募資的需求。但對創業家而言，在下一次的募資擴張發展前，勢必要先維持公司能順利營運，達到原募資設立的目標，以說服外部的新投資人或原有投資人願意追加投資。

整個募資流程其實是一個動態的過程，有時會視情況融合或縮減部分流程。例如：通常投資意向書及投資條件書的差別在於，是否已提出較為具體的投資條件，因此也會有兩者合而為一的情況，或也有不少小的募資案件，雙方直接略過盡職調查。

無論流程是否增減，對創業家而言，最重要的還是留意每一個程序裡，是否有妥善處理及保護控制權，當然還有自身的權益是否顧及，切記，不要失了公司又賠上自身的財產。看完本章介紹，相信創業家們知道馬克和傑克要如何應對股權募資的第一步了。

| 第 17 章 |

募資關注重點
及投資人思維

關鍵字

合夥人、資源交換、IPO、併購、企業轉型、 CVC、優先清算權、
保護性條款、一次性全體表決、黃金否決權、領投、
專屬合作關係、公司治理、戰略新板、創新板、SPAC

# ★馬克與傑克的創業歷險記★

　　馬克對於第一次的募資感到相當陌生，但想到未來也有可能會面對同樣的問題，便找上目前正要推公司 IPO 的創業前輩凱文。馬克詢問凱文：「募資後，除了表示投資人變成股東要分潤外，還有沒有身為創辦人該留意的事項？留意的事項會不會因為公司的發展而有所不同？」

　　凱文也與馬克分享幾個輪次募資時所觀察到及學到的事項。他建議，對於募資的準備，不妨換個角度思考，從「如果我是投資人，會想要知道什麼」著手，特別是之後的募資會更看重成績、評估是否值得。但最重要的，還是馬克想要帶領公司往什麼方向前進，是要讓公司變成漂亮的產品出售？還是將公司持續發揚光大，成為市場一方之霸？

　　馬克將凱文的經驗帶回與傑克分享，兩人也認真地思考凱文拋出的問題，開始陷入了創業初衷的回憶裡，構思著公司逐漸穩定且持續發展後，下個 5 年、10 年，要把公司帶往什麼樣的方向。

我們常聽到募資階段、IPO 之前，有最初的種子輪（Seed Round）、天使輪（Angel Round）、A 輪（近年來又有 Pre-A 輪，以及每個輪次的延長，如 A1、A2 輪等名稱出現）、B 輪，以此類推。每個輪次皆對應公司發展的階段，所募資的金額及規模也都不同，像是種子輪出現在公司尚在起步，產品商模還在概念（Idea）階段，募資金額約數十萬美元上下；天使輪則為公司已有產品原型，募資金額約在百萬美元上下；A 輪則對應產品已經上市，甚至已處理了最適市場（Product Market Fit, PMF）、找到適合賽道，準備開始加速發展，此階段募資金額最少在 100 萬至 300 萬美元（或更多），這些都是從美國創業圈傳入、約定俗成的說法。

實際上，公司不同時期募資的對應名稱，其特意區別重點在於，創業家應視公司在不同時期及階段所需的資源，留意不同的重點及投資人，提供公司不同的價值。尤其愈到後期階段，出現的投資人會愈專業，檢視的角度也會愈仔細，提出的條件也愈複雜。

有句話說，「創業家是在跑馬拉松，投資人則是接力賽」，從天使投資人（Angel）到創投（Venture Capital, VC）、企業創投（Corporate Venture Capital, CVC）、私募股權基金（Private Equity, PE），一棒接一棒，募資處理得宜，公司就可在資源充足中繼續成長；但輕忽了，對公司則會造成嚴重影響。在這章，我們就來簡要談談不同募資階段中，創業家應注意的重點及投資人在想什麼。

## 從創業家角度看募資階段

儘管每輪的投資條件都是獨立的，但對於創業家來說，仍是受持續性的拘束，且前後輪次與投資人的約定也會相互影響，因此切勿只注意當下而忽視了每一次募資釋出的條件。而且，就如同馬克詢問的問題：隨著公司的不同募資階段，創業家對於公司控制力的

議題會更重要，詳細內容就讓我們接續說明。

## ・ 早期階段

　　創業家應珍惜手中的股份，這是本書一再強調的觀念，不該因階段不同而有差別。第一份投資協議很常作為未來募資的底稿，因為後面的投資人多會以此為基礎，並加入更多條件。因此，早期的募資實不宜讓出過多股權，否則易造成後續募資的困境。畢竟這架構會一直伴隨著公司至投資人退場的法律關係，一旦有所疏忽，除非雙方能另行協議，否則勢必對未來募資造成羈絆。

　　而接續的早期募資，投資協議須留意其中約定的各種優先權及投資人保護性條款等。以優先清算條款來說，特別股的投資案件常會有這類的條件，請參照第 16 章的說明。

　　對於後輪次的投資人，看到前面有人已經卡住了這樣的位置，自然會影響其投資意願。當然，實務也有這樣的情況：公司為了順利進行新一輪募資，在碰到更有談判力（Bargaining Power）的投資人時，會反過頭去要求原本投資人放棄相關保護條件，畢竟如果募資失敗而公司資金用盡，將導致投資人更難出場，因此原本的投資人只能被迫接受。其實創業圈的投資合作案件及實務運作相當多變，關於募資案件，創業家有必要尋求專業的律師、會計師協助。

　　而保護性條款要留意的是，不同回合及輪次的投資人要求的保護性條款，彼此間可能造成矛盾衝突，甚至導致最後創業家什麼都沒拿到，或陷於違反前幾份投資協議書約款。為避免不同回合的投資人取得的保護條款權利不均等，隨著每一回募資，就更須往後逐一確認該回合募資的影響，時時綜觀整體性的考量絕對必要。

　　另外，有關投資人權利涉及表決的情況，建議盡量訂為一次性全部投資人整體表決做出決議。畢竟，若每份投資協議書均約定為「須逐一取得該投資人個體同意」時，基於契約拘束，除前述一般

公司股東決議外，尚須逐一取得每個投資人同意，等於賦予投資人享有「黃金否決權」，恐使公司醞釀的投資案無法順利產出。

## ．中後期階段

中後期的募資代表著公司的產品已經成熟、量產，公司規模也愈來愈完整，甚至市場規模逐漸擴張，也因此愈晚期愈接近投資人出場的時機。在這段期間，募資金額會呈現倍數成長，但完成一輪募資的期間也會愈來愈長，因此，資金的使用速度、確認所需金額等都要及早規畫，以免還沒完成募資，營運資金卻出現斷鏈。

與此同時，因為募資金額龐大，非常不建議在此募資階段輕易地給出投資人獨家議約的排他期。如創業家在評估後，仍認為值得同意投資人獨家議約的要求，那麼給予投資人在盡職調查後之排他期也不要過久。切記「雞蛋不要放進同一個籃子」的道理，倘若功虧一簣，輕則沉沒成本提高（但可重新接洽投資人），重則失去IPO 的機會，或創業路途在此戛然而止。

此外，進入募資的中後期階段，則須留意選擇投資人的相關議題。當然除了不同階段因應資金需求選擇接觸不同規模的投資人，有時客戶也因看好公司或欲加深雙方關係，而投資成為公司的股東。不過，有時卻可能因為股東結構而排擠與其他客戶的業務合作機會，特別是那些與股東具競爭關係的同業客戶，他們往往害怕因為合作而將自身的資訊洩漏給競爭對手，因此在投資人（像是企業創投）選擇上，也要留意到是否會影響公司未來的業務發展、給予的股份占比，以及其對於公司控制力等因素。

在中後期的募資階段，主要投資人多會提出至少一席董事席次的要求，以確保即時掌握公司的狀況。可以想像的是，如果每一輪都新增一席董事，隨著募資次數的累積，長久下來有可能產生董事會肥大，犧牲的就是決議效率，或是創業家喪失公司經營決策權。

但我們先前也強調過，新創的最主要優勢之一就是運作效率。因此，及早規畫投資人可指定的董事席數上限，並同時考量創業家可掌握董事會的控制權席次，才是根本作法。

股權架構也會有類似情況。隨著募資回合增加，發行股數愈多，而創業家並未增加持股數，或是未透過可取得較多表決權的制度時，創業家會漸漸喪失公司的控制權，淪為為他人效力經營公司（俗稱「打工仔合夥人」），或發生公司突然易主的奪權情況。

# 投資人的目標

如同在案例中凱文所提的，創業家募資前，不妨換個角度思考投資人在意的點，以及什麼是影響投資人的因素，將會更有利於取得投資人的青睞。

### 企業創投合作注意事項

當公司加入了企業創投的投資人，表示在該領域已獲得程度上的肯定。企業創投的投資，除了有資金挹注外，也可能帶來更多合作案、訂單，讓公司可以接觸到更多客戶。然而，創業家也必須注意，公司發展的路線及規畫仍是創業家自己的功課，和企業創投的期待可以盡量結合，如果路徑有所偏差時，也應盡速修正。同時，這些合作案中，相關成果權利（特別是智慧財產權）的歸屬，也都應約定清楚。請注意，企業創投者並不會為了公司成敗而負責，創業家仍然背負讓公司持續發展的重大使命。

投資人不會白白送錢，那麼投資人的目標究竟是什麼呢？基本上，就是商業社會的資源交換、各取所需。對投資人來說，投資期待的是新合作關係的建立，或是期待團隊未來的獲利（特別是愈後期的投資人愈著重營收獲利表現），讓投資人能倍數獲利出場。因此，創業家也要理解投資人的目標，才能在路徑上達成一致，當合作遇到問題或誤會時，也才能一起化解。

事實上，投資人幾個常見的目標（出海口）如下：

## · 公司首次公開發行（Initial Public Offering, IPO）

這可能是我國大部分的企業主、創業家都希望達成的目標。公司上市櫃除了是一種肯定，也有很多實質好處，尤其是開啟公開籌資管道、增加股份的流通性，對於前期的投資人而言，也可以因此而獲利出場。

## · 併購

同樣也是獲利出場的思考，就是公司被併購，這裡也包括了被投資人併購等情形。很多大企業藉由戰略性投資新創公司作為其轉型（包括近年來大家都在討論的數位轉型）或延伸市場版圖的作法，這就是這幾年很常見的企業創投投資。這類併購進行後，對於創業家也是種肯定，除了成為大集團的一分子，創業家也可能以此換得資金，另行發展新事業。

## · 專屬或獨家合作關係

成為集團供應鏈的一環，甚至成為獨家供應商，這類投資人的期待會直接反應在契約的相關投資條件中，也因此創業家對於契約的簽訂應務必謹慎。

雖然在這些可能的共同目標中，很多創業家會以 IPO 為最終目標，然而此公開籌資制度尚有對應門檻，尤其是在財稅法務及公司

治理合規等要求下，以我國公司上市櫃要求為例，針對一般事業上市資格要求「其財務報告之稅前淨利符合標準，且最近一個會計年度決算無累積虧損者」，如公司為科技事業或文化創意事業，則要求「最近期及最近一個會計年度財務報告之淨值不低於財務報告所列示股本 2／3」；一般事業上櫃資格則為「最近一個會計年度合併財務報告之稅前淨利不低於新台幣 400 萬元，且稅前淨利占股本（外國企業為母公司權益金額）之比率符合標準」；如為戰略新板（民國 110 年 7 月 20 日推出）則係限制其所在產業須為：資訊及數位相關產業、結合 5G、數位轉型及國家安全之資訊安全產業、生物醫療科技產業、國防及戰略產業、綠電及再生能源產業、關鍵物資供應之民生及戰備產業。此外，還有一種是創新板，以民國 112 年來說，當時甚受矚目的就是 Gogolook（陌生來電辨識軟體 Whoscall 開發商）於創新板掛牌。

而創投方以上市櫃為條件的出場方式也不限於本國，例如前幾年在日本上市的沛星互動科技（Appier）、在加拿大上市的雲端廚房（JustKitchen）都是。不過，在不同國家的市場，IPO 基本規模也都有其差異，推行前除了評估總體市場環境因素外，還要考量資金取得規模、法規要求（是否像台灣要求上市獲利等），乃至於創辦人對於掛牌市場的熟悉等，這也是創業家應務實評估。建議創業家檢視自身條件後，做出最適配置的規畫。

當然，目前新創的 IPO 模式也愈發多元，國外可使用的工具也愈加靈活，像是已被談論許久的 SPAC（Special Purpose Acquisition Company，特殊目的性收購公司）曾在新創圈吹起一波海外上市熱潮，我國的 Gogoro 於前兩年在美國即以 SPAC 架構上市。但我們仍要強調，每個國家的金融市場條件及規模皆不相同，以這些個案認定優劣也沒必要。重點仍在於，如何務實和投資人規畫公司每個階段應達成的任務及退場機制，讓雙方有共識，方能共存共榮。

# 投資人在意的議題

為了達到投資人的目標，投資人盡職調查的目的，就是為了評估公司是否為適合投資的項目，接著便進入正式投資評估的階段，了解創辦人、創業團隊和公司的背景。隨著投資階段的發展，這類商業徵信的項目更是多元。檢視這些資料的期間，評估的重點即環繞在計畫的可行性、目標產品領域及市場性、客戶行銷規畫、團隊與核心競爭力等相關議題（表 17）。

## 投資評估重點

- 計畫可行性
- 目標產品領域及市場性
- 客戶與行銷規畫
- 團隊與核心競爭力
- 未來財務展望
- 競爭對手
- 同產業類似交易

表 17　投資評估重點

## ・投資人所想和大環境有關

新創圈及創投跟著整個投資環境和股市走，創業也和整體景氣連動，不論是網路泡沫（Dot-com 泡沫）、金融海嘯，或者近期的新冠疫情等，對於創業及整個金融業界產生很大的影響。

當投資環境好的時候，VC 捧著錢到處找標的、破紀錄的融資時有所聞，但這未必能夠反映出一家企業真實的價值；同樣地，一

旦大環境變差，投資人趨於保守，整體環境導致公司的估值下跌（Down Round），因為市場上其他同業都跌，這也未必就代表公司的真實體質不佳。

要在變動的時代中安身立命，關鍵都是一樣的，也就是如何呈現公司最好的價值，且資金流規畫完整，不是缺錢時再募資，這些都會讓企業本身能夠安然度過各種風險。

創業過程一路艱辛，成功募資是對於公司經營的肯定，值得為自己喝采。但創業這條路還有更精彩的在後頭等著你。隨著公司的擴大，創業的打怪之路還有其他風景，只有親自走過的人方能理解及體會。

# PART 6

## 總結與補充

▶除了回顧前幾章提到的重點外，也將對單一公司發展成為多家公司時，探討幾個值得創業家留意的股權架構議題。

# | 第 18 章 |

# 創業管理思維
# 總回顧

**創設公司、創辦人合約、公司管理、人員管理、
智慧財產權、個資管理、募資、關係企業、股權、IPO**

# ★馬克與傑克的創業歷險記★

　　馬克與傑克思考凱文所提供的想法後,希望能將產品推往國外市場,於是著手盤算著海外的布局及所需資金,但兩人也知道不可冒進,因此選擇一步步設點或以線上方式進入其他國家。

　　在這樣的規畫下,資金需求較為龐大,也因此更需要投資人的協助,才能把公司帶往國外市場。為此,他們陸陸續續與有海外市場經驗的投資人洽談,最後終於確認新夥伴,也取得資金。近期亦開始與國外的通路商接洽,期盼能帶領公司朝下一個里程碑邁進。

本章將帶大家回顧前面所提的重點，並針對單一公司發展到多家公司時，探討幾個值得創業家留意的股權架構議題。

## 回顧與提醒

### · 創設公司的第一步

創業從來不輕鬆，在實際開創事業前，應先確認商品或服務的項目及商業模式之合法性、市場性，尤其須確認有無違反管制或特許法令，且有一定開發價值或市場切入點（改善現有問題或痛點），再逐步備齊創立公司的資源，如此跨出的第一步才能穩健。切勿忽略了法規及市場風險，而走了冤枉路。

此外，公司的型態也是設立時須決定的，我們在第 2 章介紹了我國現行公司型態類別，以及實際設立公司的流程與注意事項。

### · 創辦人合約的重要性

開公司除了單打獨鬥外，更常見找尋夥伴並肩作戰，此時透過本書第 4 章介紹的創辦人合約，除可穩定創辦人與股東的關係，也能併同第 5 章提到的公司章程，事先建立遊戲規則，有助於公司的永續經營。

我們也提醒創業家不要忽視創辦人合約的重要性，透過這份文件能架構公司的運作方向，包括創辦人的權責義務、職務分配、盈餘分派、權利轉讓及變更、退場機制，以及創業失敗時解散、清算等重要事項，這些都是公司長久存續的良好地基。預先的規畫（醜話說在前）也許煞風景，但絕對比發生問題後再來爭論更有實益。

### · 留意經理人與員工的管理

公司營運的開拓，除了創業家親力親為，如有專業的經理人協

助，可有效節省創業家的精力，加上第一線員工的準確執行，公司後勢自然無限可期；相反地，沒有完整的團隊，創業家本身能力再好，受限於時間也無法事必躬親，成長自然受限。

由此可知，人是公司最重要的資源，這些我們已分別在第 6 章討論過經理人與員工的區分，以及從一開始委任經理人與招募員工各自屬於的不同法律關係，並從第 7 章至第 10 章開展出公司對經理人或員工各自應履行或遵守的法律規範和提醒。

創業家對於人員的控制力是判斷的重點，指揮監督及控制色彩愈重，愈可能被認定為勞動關係，這樣具有上對下的管理態樣，就會適用到勞動權益保護法規。請注意，這並非只是如坊間所說的，單從投保勞健保或職稱頭銜要件就能判斷，相關認定務必留意。畢竟，相較於公司與經理人間的私法委任關係，公司與員工（勞工）間的權利與義務更多了政府管制法規的介入，一旦違反，輕則行政處罰，以及後續眾多的勞動檢查，稍有不慎更可能成為公關事件，進而造成公司商譽受損等不利結果。

## · 善用員工激勵制度

為留住優秀人才，維持公司競爭力，除了薪酬待遇的「向薪力」設計外，員工入股的激勵制度則是更進階且細緻的工具，亦可深化人員與公司的關係。但對應的發行限制、課稅等也相當複雜，影響著個人及公司，創業家應仔細了解。

為此，我們從我國大部分公司適用的非公開發行股份有限公司型態切入，在第 11 章分析了員工激勵制度的執行工具，分別就買回庫藏股給員工、員工認股權憑證、員工酬勞、發行新股員工認購、限制員工權利新股、員工期權池、股份授與等現行《公司法》所規定或實務上操作的工具，逐一說明該如何操作，甚至包括相關權利限制與注意事項的提醒，期許拓展創業家視野。

## · 規畫智慧財產權保護策略

介紹完公司的營運初始資源後，我們將焦點轉移到公司經營期間的成果管理及運用。

公司是一個以永續經營為目標的個體，如何持續營運及獲利，仰賴公司的核心競爭力，也就是公司的產品及服務（包括商業模式）。為有效保護所發想及開發的產品與服務的創新和創意，在第 12 章及第 13 章便提到創業家應有整體策略，先過濾出公司在市場競爭的關鍵核心價值，再對應設計及取得適合的保護模式。

其中，完整的 IP 保護策略是最主要的手段，特別是對於著重研發及創新商業模式的新創公司，IP 的保護實為維持優勢的關鍵。我們也發現，創業的發展從過往重視實體設備，已逐漸轉往輕資本的網路服務產業，像是創新服務模式的網飛（Netflix）、谷歌（Google），甚至數位轉型成功的微軟（Microsoft），無不以其卓越的商業模式切入市場。即使看似屬於汽車產業的電動車特斯拉（TESLA），實則也將重心投入於自動駕駛系統及空中下載技術（Over-the-air, OTA）服務上。這些企業的創新，其創意都以 IP 保護為起手式，並以此競爭策略取代硬體資源、生態圈等與市場既存者競爭。妥善運用公司有限資源，設計 IP 整體策略，維持競爭優勢，是創業家的必修學分。

此外，在架構 IP 保護策略後，也得搭配必要管理措施，更別忘了要妥善利用 IP，讓 IP 產出最大化效益，才能為公司創造穩健的營收、提升公司估值。

## · 經營期間的成果管理

談到經營期間的成果管理，從公司層面而言，除了介紹主要管理公司的董事及其責任外，也提到執行管理及監督的董事會與監察人，而董事會最終負責對象為股東會，也就是投資公司的股東們。

《公司法》設計了許多公司治理措施，目的都是為了追求公司及全體股東利益，如未遵循，除了有相關裁罰外，當股東有所異議時，也會影響公司經營的穩定性，甚至使公司陷入經營僵局，對於創業家而言，實在得不償失。

因此，在公司經營上，創業家都要了解股東會及董事會的必要性。我們也藉著第 14 章帶大家認識其實務運作，並分享相關的注意事項。

## · 預防個資風暴

網路發展快速，公司有更多接觸及運用個資的機會，加上各國對於隱私保護的重視，也是不可逆的趨勢。

對此，我國修定《個資法》規範，凡握有個人資料的企業（甚至個人），無分大小均有適用。違反者，恐有民事、刑事或行政裁罰。對此，我們在第 15 章已詳細介紹《個資法》的基本原則及核心規範，並說明在個資風暴下的因應作為，期能提供創業家們遵循的參考。

## · 募資注意事項

隨著公司成長，初始資金也不斷燃燒，創業家為了搶時、搶市，便有借助外部資源挹注的需求。此時，除了政府機關的補助及優惠措施（像是小型企業創新研發計畫、青創貸款等）外，募資便是最常見的手段。透過向外募資，由投資人提供金援或其他資源以補足公司缺口，加速公司成長。畢竟，新創公司在初始資金階段就能有穩定金流、損益平衡者，實在是鳳毛麟角。

募資即為資源交換，創業家必須提供公司股份以交換投資人的資源，除須留意等價的交換物及商議流程外，也應留意交易的約定事項，特別是簽署的法律文件內容，常見的有投資意向

書（Memorandum of Understanding, MOU）或投資條件書（Term Sheet）、投資協議書（Share Purchase Agreement, SPA）等。第 16 章就針對這些文件的形式架構及實質投資條件加以說明，並介紹常見約款，像是：董監席次安排及經營團隊拘束條款、知情權、股權轉讓限制、投資人保護條款（優先權、反稀釋條款、對賭）等投資條件，並針對退場機制，建議從投資人的目標作為思考角度（例如：希望獲利退場、併購團隊，或將投資標的作為戰略夥伴），如此會有較佳的理解。

有時創辦人與公司原有股東，也可能藉由與投資人再行簽署的股東協議（Shareholder Agreement, SHA），約定取得股份本身交易以外的投資條件，加強投資人保護措施，或單純將依股份交易案的股份權利與全體股東間的權利義務為分別約定。同時，也提醒創業家應視不同時期的募資，留意不同的資源交換重點，以及不同投資人（Angel、VC、CVC、PE 等）的需求，以利於加速協議且不留過多風險。

## 股權架構

當創業家因應市場和經營需求，而以公司為發展基礎，開始跨入多個產業、多種業務，或是依產業流程發展出一條龍服務時，便會逐漸開展出不同業務的集團公司（包含關係企業），為維持對於眾多公司的控制權，股權架構更顯重要。

創業家有時發現新商機，或踏入產業鏈上下游供應、做大而拆分公司營運部門，又或是考量品牌間不要相互競爭以降低損害風險，以及防火牆建置等，因而設立多家公司是常見模式。這些公司間的關聯性及價值，長期而言，會是多數創業家達到公司踏上 IPO 美好前程的重要命題；短期而言，則是創業家對於公司群控制權維

繫到 IPO 前的各階段經營議題。

隨著公司不斷茁壯，需要的營運資金也會特別顯著，潛在投資人也可能會主動提出投資邀約，此時，新進投資人要投資何種標的而不影響創業家的控制權，同時還可達到吸引投資人的誘因，也是一門學問。

常見的架構模式為鎖定擬 IPO 設立或可供投資人取得股權的主體公司（下稱「被投資公司」）後，向上設立幾層控股公司，形成金字塔式管理的股權架構，以利未來併購、重組、股權轉讓等資本運作，或適用政策上優惠，同時向下架設執行業務公司。

執行業務公司可能是不同的商品或服務品牌、不同產業的公司，或是同一產業，但各自負責供應、研發、進出口、運輸等公司，各有其不同的生財來源。也因為這些執行業務公司各自獨立，也與被投資公司獨立，如任一公司有風險，必要時可作為有效的防火牆。創業家可透過對於控股層公司的股份，握有控制權比例，有望以較低的出資義務掌握被投資公司及執行業務公司的控制權，同時減少當股權比例被稀釋而失去公司控制權的風險。

另外，被投資公司可能為單一或複數，為複數者，可能透過交叉或重疊持有執行業務之公司股權，達到層層控制之效果，而應如何採行，均視公司資源及營運考量需求而定。

我們對於新創公司落地的路程在此告一段落，但各位的創業之路仍在繼續。深切希望本書內容有助於你們建立相關「法律風險」意識，也作為充滿險阻創業打怪路上的基本攻略，幫助各位在創業道路上披荊斬棘，邁向成功。

同時，我們也叮嚀創業家，創業本身絕對不是閉門造車，持續關注外界動態及發展，有助於公司迎上市場脈動，及時因應並調整對應方向，才是永保領先的致勝之道。

# 漫談創業資源及創業家心態

創業不難,一個技術、一個想法或服務、一家店鋪,
可能就是一個跨國巨擘的開端;
創業很難,難的是過程,
難的是如何度過新創階段的「死亡低谷」而能堅持。

根據美國市場研調機構 CB Insights 的統計資料顯示，創業失敗的原因居高不下者，就是資金用罄。我們也不得不說，創業資源中，資金是最重要且最有限的，創業家須妥善控制資金，讓公司得以持續提供商品或服務、支付營業成本及周轉費用，好維持營運並通過市場驗證。然而，資金通常也是新創團隊最缺乏的部分，更是創業家費盡心力找尋的寶物。

## 資金何處尋？

資金、資源何處尋？除了公司自身創造營收外，創業生態圈最常見的資金來源包括：借貸融資、補助、向投資人募資。

近年來，我們持續參與我國新創團隊的輔導及協助，並與產、官、學界頻繁互動，除確實感受台灣整體創業環境有優秀的基礎建設外，其他像是政策、法規等配套措施，也讓創業資源得以不斷地成長，並且朝著更健全的目標發展。

以下將補充說明我國現行的一些資金及相關創業資源，希望對於創業路上的創業家有所助益。

### ・借貸融資

除了常見的銀行借貸外，前陣子常聽到因應 COVID-19 疫情影響，行政院興辦「紓困 4.0」的貸款方案，提供創業家度過疫情陰霾。此外，我國一直有全國性和地方性（各縣市政府機關）的創業貸款資源：全國性的，像是青年創業及啟動金貸款（俗稱青創貸款），抑或是企業小頭家貸款等，給予創業者啟動金、周轉性支出及資本性支出等個別不同項目與額度的貸款；至於地方性的各縣市政府，像是台北市青年創業融資貸款、新北市政府創新創業及中小企業信用保證融資貸款等，都可以靈活運用。

它們是創業家的好幫手，但也要注意相關作業規定，像是申辦次數，或是創業家要受過相關單位實體或虛擬的創業輔導課程、取得認可時數等。

同時，除了優惠貸款補助，就連貸款的利息也另有相關減免方案。有些等於是無息貸款，像是經濟部的青創貸款利息補貼、文化部的演藝團體紓困貸款及利息補貼等，若搭配運用得當，效益將會很大。

## ・ 補助

至於補助，像是創業圈耳熟能詳的科技部創新創業激勵計畫（From IP to IPO, FITI），主要針對的是創業初期（想法萌芽）的團隊；或是經濟部中小及新創企業署推動的小型企業創新研發計畫（SBIR 計畫）等，都有類似的創業競賽補助。

補助和借貸的差別在於，補助的相關費用不用返還。不過，這裡要提醒的是，這類型的補助或競賽，特別是針對想法甫萌芽的團隊，由於公司尚未成立，團隊成員最好是一初始就約定好款項的使用（可能會匯入到個人帳戶），避免後續產生成員間爭搶補助金的情形。同樣的，也應了解其相關補助規範或規章，像是民國 113 年度的 SBIR 計畫，依申請計畫的屬性，分為創新技術、創新服務，企業只能擇一申請。

## ・ 向投資人募資

有統計調查指出，台灣的新創企業中，約三成有對外募資的實際經驗，且絕大部分集中在種子輪及天使輪，這代表整體募資環境和觀念還有很大的成長空間。

至於投資人，除了民間投資人，像創投、一些願意於早期階段投入的私募股權基金，以及各大企業或集團設置自己的投資部門或

團隊，也有行政院國家發展基金的投資模式。像是行政院國家發展基金創業天使投資方案，由國發基金委任中華民國創業投資商業同業公會執行（註64），以及由經濟部中小及新創企業署執行的加強投資國內中小企業實施方案（註65）。國發基金的投資架構，多採取政府結合民間創投資金的共同投資方式，因此想尋求國發基金的挹注，還得尋找共同投資人參與。

政府針對不同新創事業所提的獎勵投資方案中，各有一些特別的規定，例如：國發基金創業天使投資方案之投資對象，即為設立未逾 3 年，且實收資本額或實際募資金額不超過新台幣 8,000 萬元之新創企業；加強投資國內中小企業實施方案的對象，須符合中小企業定義，這通常是依循《中小企業發展條例》第 2 條所稱之依法辦理公司或商業登記，合於中小企業認定標準（編按：實收資本額在新台幣一億元以下，或經常僱用員工數未滿 200 人之事業）。不同方案有不一樣的申請資格及條件，申請前請務必事先了解。

### · 公開籌資管道

目前資金募集方式也有更加彈性及拓展的管道。除了民國 103 年 1 月開板的創櫃板，提供微型新創的非公開發行公司一個創業輔導籌資機制（請留意此板的股權籌資不具交易功能），為利於創新事業中之公開發行公司進入資本市場籌資，上市、興櫃市場分別於民國 110 年 7 月 20 日新增台灣創新板、興櫃戰略新板，以簡易公開發行方式，縮短並降低新創企業進入資本市場之前置作業成本及時間，以進行公開籌集資金加速成長。

## 其他軟硬體資源

創業不再只是個口號，我們也欣見整體新創生態圈（Startup-ecosystem）的持續建構，讓創業家、新創企業能在更友善的環境裡

持續茁壯。我們將這些資源區分為釐清法規風險以及創業綜合型輔助，以下簡要說明。

## · 釐清法規風險

由一個點子勾勒出的新興商品或服務模式，是否合於相關法規？尤其是否屬於現行法規的適用範圍？是否禁止？是否有相關限制？創業家在確認相關法規後，如果商品或服務無相關牴觸，則可儘速落地。但若有介於法規灰色地帶的疑問，為確認及評估法規風險，必須進一步釐清是否有其他解釋方式能突破現有框架，或必須透過法規鬆綁的方式解套。確認法規風險的程序，有助於創業家事先掌握且降低實現創新活動時的風險及遵法成本。

而釐清法規上的風險，可從政府及民間機關的相關資源找到。例如：中小企業法律諮詢服務網、新創基地、青年創育坊、新創圓夢網等，都有提供創業者法規諮詢的服務。如為前述提到的灰色地帶法規適用疑問，亦可利用近年經濟部中小及新創企業署所推動的「創新法規沙盒」服務，除了有法規諮詢，也提供跨機關、跨部會的協調溝通機制，有助於進一步探尋解開束縛的機會。

再者，因應部分管制類別產業，政府也修訂相關辦法，提供創業者在實驗期間得排除適用法規命令及行政規則限制，將研發的創意技術、商品或服務，於風險可控的場域內進行實驗，以利驗證創新構想的可行性。例如：《金融科技發展與創新實驗條例》的「金融法規沙盒」、《無人載具科技創新實驗條例》的「自駕沙盒實驗」，以及近期政府積極籌畫的「智慧醫療創新實驗法規沙盒」。

---

註 64：行政院國家發展基金創業天使投資方案相關介紹，網址：
　　　　https://www.angelinvestment.org.tw/introduction。
註 65：加強投資國內中小企業實施方案相關介紹，網址：
　　　　https://www.moeasmea.gov.tw/article-tw-2725-6747。

而這些也將成為我國著手改善創業環境與政策下，創業家得以嘗試的機會。

## · 創業綜合型輔助

講完資金後，接著聊聊線上及線下的創育機構，也就是透過實體或網路服務，成為新創企業成長的重要推手。例如前述的補助工具，其實在規範上有一定的複雜性，透過這些創育機構的宣導和說明，就能讓創業家更迅速地找到實用的工具。

所謂的創育機構，從實體聚落的育成中心、創育坊、加速器（Accelerator），到園區、基地、共同工作空間（Co-working Space）、相關大型創業資源網站等皆是。近年來，這類國內外機構不斷地出現，亦擴大了創業家的視野。根據民國 110 年的創業調查統計，台灣有六成左右的新創者有使用創育機構的經驗，這顯示台灣的創業環境正走向穩定發展的狀態，一方面是創育機構能夠提供有效資源挹注，另一方面則是創業家懂得尋找及利用資源。

這些創育機構提供了資訊、空間、設備、技術、資金、管理諮詢服務或人才培養等，完整地囊括了創業上有形及無形的資源，尤其像是輔導申請政府創業獎補助計畫等服務，即能連結到前述的補助資源，還有最基本的像是提供工作空間或實證場域，直接讓創業家節省或降低一筆租賃開銷。

另外，這類機構也會進行資源（人脈、案件、客戶等）的媒合及延伸服務，像是業師或顧問輔導、產業聚會交流等。尤其我們也觀察到，近年來這方面的資源有非常顯著的增加，無論是中央部會、地方政府抑或民間各式創業社群，皆提供相關的創業助力。包括經濟部中小及新創企業署這幾年推出的林口新創園，還有結合行政院亞洲新灣區 5G AIoT 創新園區而成立的亞灣新創園，以及各縣市政府結合地方創生或特定主題的創育機構、聚落，像是 TT 台灣科

技新創基地、金融科技創新園區等，創業家都可依照自己的創業需求選擇。

至於創業的諮詢、輔導、講座課程或相關服務，則有 Taiwan Startup Hub 新創基地，以及提供青年培力、創業諮詢及連結在地的青年創育坊等；至於新創圓夢網，則整合了我國各部會創業相關計畫與融資補助資訊、全國創育機構、全國創業活動及課程，成為重要的創業資源主題入口網站。

另外，經濟部中小及新創企業署的「馬上辦服務中心」（服務電話 0800-056-476），提供中小企業主或創業家相關經營問題解答；台灣雲市集則鼓勵中小微型企業善用數位科技發展創新商業模式，該平台上提供相關雲端服務及合作廠商，並有相關補助機制；至於中小企業網路大學校即以創業家或企業主終身學習的角度，持續提供學習資源，提升個人與企業競爭力。

總而言之，產業趨勢涉及的是企業發展的下一步，台灣的製造業及科技業已經為國內產業發展的打下良好基礎，但下一個帶領台灣進入國際舞台的產業，則是政府和民間持續關注及思索的議題。像近幾年相當受到重視的教育科技、社群媒體與通訊、延展實境（Extended Reality, XR）、物聯網（Internet of Things, IOT）科技運用，以及 AI、大數據（Big Data）的使用等，都能夠給創業家更多想像及發揮的空間。

創業家對於這些趨勢及議題應持續關注，同時對於政府推出的相關政策及發展重心，像是「五加二產業創新計畫」（智慧機械、亞洲‧矽谷、綠能科技、生醫產業、國防產業、新農業及循環經濟）亦可持續注意，如此才能有效結合上述創業資源，讓企業發展更加迅速。

上述提到的創業資源琳瑯滿目，最後，我們要提醒創業家的

是，創業以終為始，持續創新，從創業的第一哩路開始，無時無刻皆須思考自己的服務能否落地？是否能夠解決市場痛點？持續以創新保持競爭力，才能在這瞬息萬變的後疫情時代，成為脫穎而出的黑馬，甚至躍起成為一匹光彩奪目的獨角獸。

Unique 067

# 創業打怪生存攻略

**股權分配 × 公司經營 × 智財保護 × 資金募集，商務律師帶你一本破關！**

| | | |
|---|---|---|
| 作　　者 | 陳全正、張媛筑 |
| 代理總編 | 李珮綺 |
| 責任編輯 | 王淑君、李珮綺 |
| 封面設計 | 職日設計 |
| 內頁設計 | 郭志龍 |
| 校　　對 | 鍾瑩貞 |
| 業務經理 | 林苡蓁 |
| 企畫主任 | 朱安棋 |
| 印　　務 | 詹夏深 |
| 發 行 人 | 梁永煌 |
| 社　　長 | 謝春滿 |
| 出 版 者 | 今周刊出版社股份有限公司 |
| 地　　址 | 台北市中山區南京東路一段 96 號 8 樓 |
| 電　　話 | 886-2-2581-6196 |
| 傳　　真 | 886-2-2531-6438 |
| 讀者專線 | 886-2-2581-6196 轉 1 |
| 劃撥帳號 | 19865054 |
| 戶　　名 | 今周刊出版社股份有限公司 |
| 網　　址 | http://www.businesstoday.com.tw |
| 總 經 銷 | 大和書報股份有限公司 |
| 製版印刷 | 緯峰印刷股份有限公司 |
| 初版一刷 | 2024 年 8 月 |
| 定　　價 | 380 元 |

國家圖書館出版品預行編目 (CIP) 資料

創業打怪生存攻略：股權分配 X 公司營運 X
智財保護 X 資金募集，商務律師帶你一本破
關！/ 陳全正，張媛筑作 . -- 初版 . -- 台北市：
今周刊出版社股份有限公司 , 2024.08
　　面；　　公分 . -- (Unique ; 67)
ISBN 978-626-7266-73-1( 平裝 )

1.CST: 創業 2.CST: 企業管理 3.CST: 法律諮詢

　　　　　　494.1　　　　　113005250